匍匐翦股颖种质资源描述规范和数据标准

Descriptors and Data Standard for Creeping Bentgrass（*Agrostis stolonifera* L.）

全国畜牧总站　编著

中国农业出版社

图书在版编目（CIP）数据

匍匐翦股颖种质资源描述规范和数据标准/全国畜牧总站编著.—北京：中国农业出版社，2014.6
ISBN 978-7-109-19223-2

Ⅰ.①匍⋯　Ⅱ.①全⋯　Ⅲ.①禾本科牧草－种质资源－描写－规范②禾本科牧草－种质资源－数据－标准
Ⅳ.①S543.024-65

中国版本图书馆 CIP 数据核字（2014）第 109741 号

中国农业出版社出版
（北京市朝阳区麦子店街 18 号楼）
（邮政编码 100125）
责任编辑　赵　刚

中国农业出版社印刷厂印刷　　新华书店北京发行所发行
2014 年 6 月第 1 版　　2014 年 6 月北京第 1 次印刷

开本：850mm×1168mm 1/32　印张：4.25
字数：85 千字
定价：18.00 元
（凡本版图书出现印刷、装订错误，请向出版社发行部调换）

前　言

匍匐翦股颖属于禾本科（Gramineae）翦股颖属的一个种，多年生草本植物，学名 *Agrostis stolonifera* L.，同义词还有 *Agrostis alba* L. var. *palustris* (Huds.) Pers.，*Agrostis alba* L. var. *stolonifera* (L.) Sm，*Agrostis maritime* Lam.，*Agrostis palustris* Huds.，*Agrostis stolonifera* L. var. *compacta* Hartman，*Agrostis stolonifera* L. var. *palustris* (Huds.) Farw.。匍匐翦股颖有 2、4、5、6 倍体，即 $2x=14$，$4x=28$，$5x=35$，$6x=42$。

匍匐翦股颖又名匍茎翦股颖、匍茎小糠草，别名本特草。英文名 Creeping bentgrass，英文别名有 carpet bentgrass，creeping bent，redtop，redtop bent，seaside bentgrass，spreading bent。原产欧亚大陆的温带和北美洲，世界各温带地区都有引入栽培，在中国主要分布于甘肃、河北、浙江、江西、贵州、云南等地。

匍匐翦股颖秆茎偃卧地面，长达 8cm，有 3～6 节匍匐茎，茎节着地生根，须根多，密布于 10～20cm 的土层，株高 30～40cm。叶片深绿色，扁平，线形，长

5.5~8.5cm，宽 3~4mm，叶舌膜状，边缘齿状或小破裂，长 2.5~3.5mm，圆锥花序，花紫色和黄色，成熟后呈紫铜色，小穗长 2~2.5mm，颖几相等，外稃无芒，具 2 脉，雄蕊 3 个，子房上位，光滑，颖果长约 1mm，宽 0.4mm，种子椭圆形，褐色，光滑，花果期在 5~7 月份。匍匐翦股颖喜冷凉湿润气候，耐寒、耐热、耐瘠薄、耐低修剪、耐阴性较好。其匍匐根横向蔓延能力强，能迅速覆盖地面，形成密度大的草坪。匍匐翦股颖主要用于高质量的草坪，因其根系较浅，需要经常管理维护，维持费用较高，主要用于高尔夫球场的果岭和发球区、草地保龄球和草地网球场，有时也用于高尔夫球场球道和优质草坪。匍匐翦股颖刈割后再生能力强，耐低修剪能力在草坪中名列前茅，不耐践踏，在华北地区冬季枯黄较迟，全年绿期 280~300 天，在黄河流域以南地区冬季不枯黄。匍匐翦股颖的适口性好，家畜喜食，但是产草量较低，利用较少，另外匍匐翦股颖的根茎发达，也可作为水土保持之用。

匍匐翦股颖育种研究工作开展得很早，可以追溯到 1885 年，由美国农业部和高尔夫球协会绿地部共同选育出了多种有价值的翦股颖属品种，有的一直利用至今。目前高尔夫球场果岭区应用较多的品种 Penneross 就是由宾夕法尼亚的州立大学 1954 年育成的。目前，中国牧草种质资源库中，仅有中国农业科学院北

京畜牧兽医研究所和新疆八一农学院从国外引进的 9
个匍匐翦股颖坪用品种。2004 年通过全国草品种审定
委员会登记的，仅有坪用的粤选 1 号匍匐翦股颖一个
品种，2000 年贵州省基金项目"优良草坪草匍茎翦股
颖种质资源鉴定与评价"对当地的种质资源保存和收
集进行了一些工作，但是目前还没有进行种质资源和
新品种、品系的登记，相关工作需要进一步加强。

　　规范标准是国家自然科技资源平台建设的基础，
匍匐翦股颖种质资源描述规范和数据标准的制定是国
家牧草种质资源平台建设的重要内容。制定统一的匍
匐翦股颖种质资源规范标准，有利于整合全国匍匐翦
股颖种质资源，规范匍匐翦股颖种质资源的收集、整
理和保存等基础性工作，创造良好的资源和信息共享
环境和条件；有利于保护和高效地利用匍匐翦股颖种
质资源，充分挖掘其潜在的经济、社会和生态价值，
促进全国匍匐翦股颖种质资源研究的有序和高效发展。

　　匍匐翦股颖种质资源描述规范规定匍匐翦股颖种
质资源的描述符及其分级标准，以便对匍匐翦股颖种
质资源进行标准化整理和数字化表达。匍匐翦股颖种
质资源数据标准规定匍匐翦股颖种质资源各描述符的
字段名称、类型、长度、小数位、代码等，以便建立
统一的、规范的匍匐翦股颖种质资源数据库。匍匐翦
股颖种质资源数据质量控制规范规定匍匐翦股颖种质
资源数据采集全过程中的质量控制内容和质量控制方

法，以保证数据的系统性、可比性和可靠性。

《匐匍鹬股颖种质资源描述规范和数据标准》由中国农业科学院北京畜牧兽医研究所主持编写，并得到本行业专家的大力支持和帮助。在编写过程中，查阅国内外大量相关文献，由于篇幅所限，书中仅列主要参考文献。由于编者水平有限，错误和疏漏之处在所难免，恳请批评指正。

编著者

2014 年 4 月 15 日

目　　录

前言

一、匍匐翦股颖种质资源描述规范和数据标准制定的原则和方法

1 匍匐翦股颖种质资源描述规范制定的原则和方法

1.1 原则

1.1.1 优先采用现有数据库中的描述符合描述标准。

1.1.2 以种质资源研究和育种需求为主，兼顾生产与市场需要。

1.1.3 立足中国现有基础，考虑将来发展，尽量与国际接轨。

1.2 方法和要求

1.2.1 描述符类别分为6类。

　　（1）基本信息

　　（2）形态特征和生物学特性

　　（3）品质特性

　　（4）抗逆性

　　（5）抗病性

　　（6）其他特征特性

1.2.2 描述符代号由描述符类别加两位顺序号组成，如"110"、"208"、"501"等。

1.2.3 描述符性质分为3类。

　　M　　必选描述符（所有种质必须鉴定评价的描述符）

O　　　可选描述符（可选择鉴定评价的描述符）

C　　　条件描述符（只对特定种质进行鉴定评价的描述符）

1.2.4　描述符的代码应是有序的，如数量性状从细到粗、从低到高、从小到大、从少到多排列，颜色从浅到深，抗性从强到弱等。

1.2.5　每个描述符应有一个基本的定义或说明，数量性状应指明单位，质量性状应有评价标准和等级划分。

1.2.6　植物学形态描述符应附模式图。

1.2.7　重要数量性状应以数值表示。

2　匍匐翦股颖种质资源数据标准制定的原则和方法

2.1　原则

2.1.1　数据标准中的描述符应与描述规范相一致。

2.1.2　数据标准应优先考虑现有数据库中的数据标准。

2.2　方法和要求

2.2.1　数据标准中的代号应与描述规范中的代号一致。

2.2.2　字段名最长12位。

2.2.3　字段类型分字符型（C）、数值型（N）和日期型（D）。日期型的格式为YYYYMMDD。

2.2.4　经度的类型为N，格式为DDDFF；纬度的类型为N，格式为DDFF，其中D为度，F为分；东经以正数表示，西经以负数表示；北纬以正数表示，南纬以负数表示。例如，"12125"代表东经121°25′，"-10209"代表西经102°9′；"3208"代表北纬32°8′，"-2542"代表南纬25°42′。

3 匍匐翦股颖种质资源数据质量控制规范制定的原则和方法

3.1 采集的数据应具有系统性、可比性和可靠性。

3.2 数据质量控制以过程控制为主，兼顾结果控制。

3.3 数据质量控制方法应具有可操作性。

3.4 鉴定评价方法以现行国家标准和行业标准为首选依据；如无国家标准和行业标准，则以国际标准或国内比较公认的先进方法为依据。

3.5 每个描述符的质量控制应包括田间设计，样本数或群体大小，时间或时期，取样数和取样方法，计量单位、精度和允许误差，采用的鉴定评价规范和标准，采用的仪器设备，性状的观测和等级划分方法，数据校验和数据分析。

二、匍匐翦股颖种质资源描述简表

序号	代号	描述符	描述符性质	单位或代码
1	101	全国统一编号	M	
2	102	种质库编号	M	
3	103	种质圃编号	M	
4	104	引种号	C／国外种质	
5	105	采集号	C／野生资源和地方品种	
6	106	种质名称	M	
7	107	种质外文名	M	
8	108	科名	M	
9	109	属名	M	
10	110	学名	M	
11	111	原产国	M	
12	112	原产省	M	
13	113	原产地	M	
14	114	来源地	M	
15	115	海拔	C／野生资源和地方品种	m
16	116	经度	C/野生资源和地方品种	
17	117	纬度	C／野生资源和地方品种	

（续）

序号	代号	描述符	描述符性质	单位或代码
18	118	气候带	M	1：亚热带　2：暖温带　3：中温带　4：寒温带　5：高寒区域
19	119	气候区	M	1：湿润区　2：半湿润区　3：半干旱区　4：干旱区
20	120	地形	O	1：平原　2：丘陵　3：山地　4：高原　5：盆地　6：宽谷　7：峡谷
21	121	生态系统类型	M	1：森林　2：灌丛　3：草地　4：荒漠　5：耕地　6：湿地
22	122	生境	M	
23	123	保存单位	M	
24	124	保存单位编号	M	
25	125	系谱	C／选育品种或品系	
26	126	选育单位	C／选育品种或品系	
27	127	育成年份	C／选育品种或品系	
28	128	选育方法	C／选育品种或品系	
29	129	种质类型	M	1：野生资源　2：地方品种　3：选育品种　4：品系　5：遗传材料　6：其他
30	130	种质保存类型	M	1：种子　2：植株　3：花粉　4：DNA
31	131	图象	M	
32	132	观测地点	M	
33	133	种植方式	M	1：穴播　2：条播　3：撒播

（续）

序号	代号	描述符	描述符性质	单位或代码
34	201	根系入土深度	O	cm
35	202	匍匐茎秆直径	M	mm
36	203	匍匐茎节间长度	M	cm
37	204	茎秆节间长度	M	cm
38	205	茎秆直径	O	mm
39	206	茎节直径	O	mm
40	207	叶宽	M	cm
41	208	叶长	M	cm
42	209	叶鞘宽	M	mm
43	210	叶鞘长	M	cm
44	211	叶舌形态	M	1：有齿　2：破裂
45	212	叶舌长	M	mm
46	213	叶舌宽	M	mm
47	214	叶片形态	O	1：扁平　2：卷曲
48	215	花序颜色	M	1：黄色　2：紫色
49	216	花序长度	O	cm
50	217	花序宽度	O	cm
51	218	小穗宽	O	mm
52	219	小穗长	O	mm
53	220	颖长	O	mm
54	221	内稃长度	M	mm
55	222	外稃长度	M	mm
56	223	基盘被毛	M	1：无　2：有

（续）

序号	代号	描述符	描述符性质	单位或代码
57	224	播种期	M	
58	225	出苗期	M	
59	226	返青期	M	
60	227	分蘖期	M	
61	228	拔节期	M	
62	229	抽穗期	M	
63	230	开花期	M	
64	231	乳熟期	M	
65	232	蜡熟期	M	
66	233	完熟期	M	
67	234	分蘖数	O	个
68	235	生育天数	M	
69	236	枯黄期	M	
70	237	生长天数	M	
71	238	再生性	M	1：良好 2：中等 3：较差
72	239	落粒性	O	1：不脱粒 2：稍脱落 3：脱落
73	240	千粒重	M	g
74	241	发芽势	O	%
75	242	发芽率	O	%
76	243	种子生活力	O	%
77	244	种子寿命	O	1：短命 2：中命 3：长命
78	245	春化作用类型	M	1：冬性 2：弱冬性 3：春性
79	246	株高	M	cm
80	247	鲜草产量	O	kg/hm^2

（续）

序号	代号	描述符	描述符性质	单位或代码
81	248	干草产量	O	kg/hm²
82	249	种子产量	O	kg/hm²
83	250	茎叶比	O	1：X
84	301	粗蛋白质含量	O	%
85	302	粗脂肪含量	O	%
86	303	粗纤维素含量	O	%
87	304	无氮浸出物含量	O	%
88	305	粗灰分含量	O	%
89	306	磷含量	O	%
90	307	钙含量	O	%
91	308	氨基酸含量	O	%
92	309	水分含量	O	%
93	310	适口性	O	1：嗜食 2：喜食 3：乐食 4：采食 5：少食
94	311	草坪密度	C	1：致密 2：较密 3：一般 4：稀疏 5：很稀疏
95	312	草坪质地	C	1：优 2：良好 3：一般 4：较差 5：极差
96	313	草坪色泽	C	1：墨绿 2：深绿 3：绿 4：浅绿 5：黄绿
97	314	草坪均一性	C	1：很均匀 2：较均匀 3：均匀 4：不均匀 5：极不均匀
98	315	绿色期	C	天
99	316	草坪盖度	C	%

（续）

序号	代号	描述符	描述符性质	单位或代码
100	317	耐践踏性	C	1：优 2：良好 3：一般 4：较差 5：极差
101	318	草坪弹性	C	1：优 2：良好 3：一般 4：较差 5：极差
102	319	成坪速度	C	天
103	401	抗旱性	C	1：强 2：较强 3：中等 4：弱 5：最弱
104	402	抗寒性	C	1：强 2：较强 3：中等 4：弱 5：最弱
105	403	耐热性	C	1：强 2：较强 3：中等 4：弱 5：最弱
106	404	耐盐性	C	1：强 2：较强 3：中等 4：弱 5：最弱
107	501	钱斑病抗性	O	1：高抗（HR） 2：抗病（R） 3：中抗（mR） 4：感病（S） 5：高感（HS）
108	502	褐斑病抗性	O	1：高抗（HR） 2：抗病（R） 3：中抗（mR） 4：感病（S） 5：高感（HS）
109	503	腐霉枯萎病抗性	O	1：高抗（HR） 2：抗病（R） 3：中抗（mR） 4：感病（S） 5：高感（HS）
110	504	禾草全蚀病抗性	O	1：高抗（HR） 2：抗病（R） 3：中抗（mR） 4：感病（S） 5：高感（HS）
111	505	黑粉病抗性	O	1：高抗（HR） 2：抗病（R） 3：中抗（mR） 4：感病（S） 5：高感（HS）
112	601	种质用途	O	1：饲用 2：坪用

（续）

序号	代号	描述符	描述符性质	单位或代码
113	602	染色体倍数	O	1：二倍体　2：四倍体　3：五倍体　4：六倍体
114	603	核型	O	
115	604	指纹图谱与分子标记	O	
116	605	备注		

三、匍匐翦股颖种质资源描述规范

1 范围

本标准规定了匍匐翦股颖种质资源的描述符及其分级标准。

本标准适用于匍匐翦股颖种质资源的收集、整理和保存，数据标准和数据质量控制规范的制定，以及数据库和信息共享网络系统的建立。

2 规范性引用文件

下列文件中的条款通过本标准的引用而成为本规范的条款。凡是注明日期的引用文件，其随后所有的修改单（不包括勘误的内容）或修订版均不适用于本规范，然而，鼓励根据本标准达成协议的各方研究研究是否可使用这些标准的最新版本。凡是不注明日期的引用文件，其最新版本适用于本规范。

ISO 3166   Codes for the Representation of Names of Countries

GB/T 2659   世界各国和地区名称代码

GB/T 2260   中华人民共和国行政区划代码

GB/T 12404   单位隶属关系代码

GB/T 2930. 1~2930. 11—2001   牧草种子检验规程

GB/T 6432—1994　饲料中粗蛋白测定方法

GB/T 6433—1994　饲料粗脂肪测定方法

GB/T 6434—1994　饲料中粗纤维测定方法

GB/T 6438—1992　饲料中粗灰分的测定方法

GB/T 6437—2002　饲料中总磷的测定 分光光度法

GB/T 6436—2002　饲料中钙的测定方法

GB/T 18246—2000　饲料中氨基酸的测定

GB/T 6435—1986　饲料水分的测定方法

GB/T 8170—1987　数值修约规则

ISTA　国际种子检验规程

3 术语和定义

3.1 匍匐翦股颖

禾本科（Gramineae）翦股颖属（*Agrostis* L.），多年生草本植物。匍匐翦股颖为 2、4、5、6 倍体，即 $2x = 14$；$4x = 28$；$5x = 35$；$6x = 42$。

3.2 匍匐翦股颖种质资源

匍匐翦股颖种质资源是经过长期自然选择和人工培育而成的有生命的可再生自然资源。包括匍匐翦股颖野生资源、地方品种、选育品种、品系、特殊遗传材料等。

3.3 基本信息

匍匐翦股颖种质资源基本情况描述信息，包括全国统一编号、种质名称、学名、原产地、种质类型等。

3.4 形态特征和生物学特性

匍匐翦股颖种质资源的植物学形态、物候期、产量性状等特征特性。

3.5 品质性状

匍匐翦股颖种质资源的营养成分、质地、适口性及坪用性状等。营养成分包括粗蛋白质含量、粗脂肪含量、粗纤维素含量、无氮浸出物含量、粗灰分含量、钙磷含量、氨基酸含量等；质地包括茎、叶柔软性等；适口性指牲畜对匍匐翦股颖的嗜食程度；坪用性状包括色泽、均一性、绿期等。

3.6 抗逆性

匍匐翦股颖种质资源对各种非生物胁迫的适应或抵抗能力，包括抗旱性、抗寒性、耐热性、耐盐性等。

3.7 抗病性

匍匐翦股颖种质资源对各种生物胁迫的适应或抵抗能力，包括钱斑病、褐斑病、腐霉枯萎病、全蚀病等。

3.8 匍匐翦股颖的生育周期

分为出苗（返青）期、分蘖期、拔节期、抽穗期、开花期和成熟期。从种子萌发后的幼苗露出地面达50％为出苗期。有50％的幼苗在茎的基部茎节上生长侧芽一厘米以上为分蘖期。50％的植株在地面出现第一个茎节时为拔节期。50％植株的穗顶从上部叶鞘伸出而显露于外时为抽穗期。50％的植株开花为开花期。成熟期包括乳熟期、蜡熟期和完熟期三个阶段，50％以上植株的籽粒内充满乳汁，并接近正常大小为乳熟期；50％以上植株籽粒的颜色接近正常，内具蜡状为蜡熟期；80％以上的种子坚硬为完熟期。

3.9 其他特征特性

未归入上述中的其他重要基本特征或性状，如种质用途、染色体数目、指纹图谱等。

4　基本信息

4.1　全国统一编号

种质的唯一标志号，匍匐翦股颖种质资源的全国统一编号由"CA"（代表 China Agrostis）加 6 位顺序号组成。

4.2　种质库编号

匍匐翦股颖种质在国家农作物种质资源长期库的编号，由"I7B"加 5 位顺序号组成。

4.3　种质圃编号

种质在国家多年生和无性繁殖圃的编号。牧草圃种质编号为"GPMC"加 4 位顺序号组成。

4.4　引种号

匍匐翦股颖种质从国外引入时赋予的编号。

4.5　采集号

匍匐翦股颖种质在野外采集时赋予的编号。

4.6　种质名称

匍匐翦股颖种质的中文名称。

4.7　种质外文名

国外引进种质的外文名或国内种质的汉语拼音名。

4.8　科名

禾本科（Gramineae）。

4.9　属名

翦股颖属（*Agrostis* L.）。

4.10　学名

匍匐翦股颖（*Agrostis stolonifera* L.）。

4.11　原产国

匍匐翦股颖种质原产国家名称、地区名称或国际组织名称。

4. 12 原产省

国内匍匐翦股颖种质的原产省份名称；国外引进种质原产国家一级行政区的名称。

4. 13 原产地

国内匍匐翦股颖种质的原产县、乡、村名称。

4. 14 来源地

国外引进匍匐翦股颖种质的来源国家名称、地区名称或国际组织名称；国内种质的来源省、县名称。

4. 15 海拔

匍匐翦股颖种质原产地的海拔，单位为 m。

4. 16 经度

匍匐翦股颖种质原产地的经度，单位为（°）和（′）。格式为 DDDFF，其中 DDD 为度，FF 为分。

4. 17 纬度

匍匐翦股颖种质原产地的纬度，单位（°）和（′）。格式为 DDFF，其中 DD 为度，FF 为分。

4. 18 气候带

匍匐翦股颖种质原材料的产地或采集地所属气候带。以大气温度指标划分 5 个带。

1 亚热带

2 暖温带

3 中温带

4 寒温带

5 高寒区域

4.19 气候区

匍匐翦股颖种质原材料的产地或采集地所属气候区。以大气水分指标划分为 4 个气候区。

1 湿润区

2 半湿润区

3 半干旱区

4 干旱区

4.20 地形

匍匐翦股颖种质原材料的产地或采集地的地形。

1 平原

2 丘陵

3 山地

4 高原

5 盆地

6 宽谷

7 峡谷

4.21 生态系统类型

匍匐翦股颖种质原材料采集地所属生态系统。

1 森林

2 灌丛

3 草地

4 荒漠

5 耕地

6 湿地

4.22 生境

匍匐翦股颖种质原材料采集地的小环境。如"湖盆边缘"、"河漫滩草甸"、"石质山坡"、"田埂"、"路边"、"庭院"等。

4.23 保存单位

匍匐翦股颖种质提交国家农作物种质资源长期库前的原保存单位名称。

4.24 保存单位编号

匍匐翦股颖种质在原保存单位中的种质编号。

4.25 系谱

匍匐翦股颖选育品种（系）的亲缘关系。

4.26 选育单位

选育匍匐翦股颖品种（系）的单位名称或个人。

4.27 育成年份

匍匐翦股颖品种（系）培育成功的年份。

4.28 选育方法

匍匐翦股颖品种（系）的育种方法。

4.29 种质类型

匍匐翦股颖种质类型分为 6 类。

1 野生资源

2 地方品种

3 选育品种

4 品系

5 遗传材料

6 其他

4.30 种质保存类型

匍匐翦股颖种质保存类型分为 5 类。

1 种子

2　植株

3　花粉

4　DNA

4.31　图象

匍匐翦股颖种质的图象文件名。图象格式为. jpg。

4.32　观测地点

匍匐翦股颖种质形态特征和生物学特性观测地点的名称。

4.33　种植方式

匍匐翦股颖种质材料在试验小区种植或移植方式。包括：

1　穴播（穴播或移栽）

2　条播

3　撒播

5　形态特征和生物学特性

5.1　根系入土深度

开花期，植株根系的入土深度，单位为 cm。

5.2　匍匐茎直径

匍匐茎节间中部直径。单位 mm。

5.3　匍匐茎节间长度

匍匐茎上两个邻节的距离。单位 cm。

5.4　茎秆节间长度

茎上两个邻节的距离。单位 cm。

5.5　茎秆直径

茎秆节间中部直径。单位 mm。

5.6 茎节直径

茎秆节的直径。单位 mm。

5.7 叶宽

开花期，植株中部叶片最宽处的绝对长度。单位为 mm。

5.8 叶长

开花期，茎中部最大叶片基部至叶先端的绝对长度。单位为 cm。

5.9 叶鞘长

开花期，茎中部最大叶鞘基部至叶鞘先端的绝对长度。单位为 mm。

5.10 叶鞘宽

开花期，植株中部叶鞘展开最宽处的绝对长度。单位为 mm。

5.11 叶舌形态

开花期，植株中部叶的叶舌形态（图1）

1 有齿

2 破裂

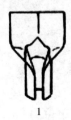

图 1 叶舌形态

5.12 叶舌长

开花期茎中部最大叶片叶舌基部至叶舌先端的长度。单位为 mm。

5.13 叶片形态

开花期，植株中部的叶片形态（图 2）

1　扁平

2　卷曲

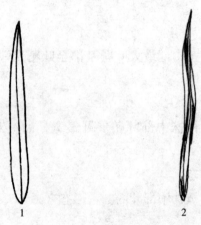

图 2　叶片形态

5.14 花色

开花期植物花序的颜色

1　黄色

2　紫色

5.15 花序长度

开花期，植株花序的绝对长度，单位为 cm。

5.16 花序宽度

开花期，植株花序的绝对宽度，单位为 cm。

5.17　小穗宽

开花期，小穗的宽度，单位为 mm。

5.18　小穗长

开花期，主穗轴中部小穗的长度，单位为 mm。

5.19　颖长

开花期，主穗轴中部小穗第一颖的长度。单位为 mm。

5.20　内稃长度

开花期，植株花序中部分枝上小花的内稃长度。单位为 mm。

5.21　外稃长度

开花期，植株花序中部分枝上小花的外稃长度。单位为 mm。

5.22　基盘被毛

开花期，植株花序中部分枝上外稃基盘是否具毛。

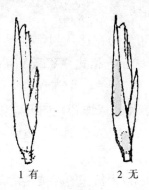

1 有　　　　　　2 无

图 3　叶片形态

5.23　播种期

不同地区匍匐翦股颖适宜播种日期，以"年　月　日"表示，格式为"YYYYMMDD"。

5.24　出苗期

指匍匐翦股颖种子萌发出土的日期。鉴定的标准是在播种小区内有 50% 的幼苗露出地面时，即为出苗期。以"年 月 日"表示，格式"YYYYMMDD"。

5.25　返青期

匍匐翦股颖越冬或越夏以后的植株重新生长称返青，也可称生理再生，一般以 50% 的植株返青时为返青期。以"年 月 日"表示，格式"YYYYMMDD"。

5.26　分蘖期

匍匐翦股颖 50% 的植株从分蘖节产生侧枝的时期叫分蘖期。以"年 月 日"表示，格式"YYYYMMDD"。

5.27　拔节期

匍匐翦股颖 50% 的植株在地面出现第一个茎节时叫拔节期。以"年 月 日"表示，格式"YYYYMMDD"。

5.28　抽穗期

匍匐翦股颖 50% 的花穗从顶部叶鞘伸出时称抽穗期。以"年 月 日"表示，格式"YYYYMMDD"。

5.29　开花期

匍匐翦股颖 50% 的植株开花叫开花期。以"年 月 日"表示，格式"YYYYMMDD"。

5.30　乳熟期

匍匐翦股颖50%以上植株的籽粒内充满乳汁，并接近正常大小为乳熟期。以"年 月 日"表示，格式"YYYYMMDD"。

5.31　蜡熟期

匍匐翦股颖 50% 以上植株籽粒具蜡状为蜡熟期。以"年 月 日"表示，格式"YYYYMMDD"。

5.32 完熟期

匍匐翦股颖 80％以上的籽粒变硬为完熟期。以"年
月 日"表示，格式"YYYYMMDD"。

5.33 分蘖数

分蘖形成地上枝的条数。单位为个。

5.34 生育天数

由春季萌发到种子完全成熟，这一时期叫做牧草的生育
天数。单位为天。

5.35 枯黄期

50％的植株茎叶枯黄或者失去生活机能的时期。以"年
月 日"表示，格式"YYYYMMDD"。

5.36 生长天数

从返青期到枯黄期的天数叫生长天数。单位为天。

5.37 再生性

被刈割或放牧利用后重新恢复绿色株丛的能力叫做再生
性。再生性的好坏、强弱是牧草生活力的一种表现，也是衡
量其经济特性的一项重要指标。衡量标准一般是以再生速
度、再生次数和再生草产量等 3 个指标来测定的。可分为
3 类。

    1 良好

    2 中等

    3 较差

5.38 落粒性

种子从其母株上散落的性能。可分 3 级。

    1 不脱粒

    2 稍脱落

    3 脱落

5.39 千粒重

一定水分条件下 1000 粒完整种子的重量，单位用"g"表示。

5.40 发芽势

牧草种子在发芽检测初期规定的天数内，正常发芽的种子数占供试种子的百分比。以％表示。发芽势的高低反映出种子生活力（Viability）的强弱和发芽出苗的整齐度。

5.41 发芽率

在实验室控制及标准条件下对种子发芽率进行检测，至发芽终期全部正常发芽的种子数占供试种子的百分比。以％表示。

5.42 种子生活力

牧草种子发芽潜力或种子胚所具有的生命力。以％表示。

5.43 种子寿命

在一定环境条件下种子生活力保持的期限。分为 3 类。

    1 短命

    2 中命

    3 长命

5.44 春化作用类型

在一定的低温条件下诱导促使植物开花的作用称为春化作用，根据不同类型品种通过春化阶段所需要的温度条件不一样，可分为 3 种类型。

    1 冬性

    2 弱冬性

3 春性

5.45 株高

匍匐翦股颖在结实期从地表面到植株最高点的绝对长度（不包括芒），以 cm 表示。

5.46 鲜草产量

在单位面积上的鲜草产量，以 kg/hm^2 表示。

5.47 干草产量

在单位面积上的干草产量，以 kg/hm^2 表示。

5.48 种子产量

在单位面积上的种子产量，以 kg/hm^2 表示。

5.49 茎叶比

为开花期整株植物茎重与叶重之比。表示方法为 1∶X。

6 品质特性

6.1 水分含量

某个生育期鲜样或风干样品中的水分含量，用"‰"表示。

6.2 粗蛋白质含量

某个生育期粗蛋白质占其干物质的比例，用"‰"表示。

6.3 粗脂肪含量

某个生育期粗脂肪占其干物质的比例，用"‰"表示。

6.4 粗纤维素含量

某个生育期粗纤维占其干物质的比例，用"‰"表示。

6.5 无氮浸出物含量

匍匐翦股颖样品中无氮浸出物含量的计算方法为：100减去烘干样品中水分、粗蛋白质、粗脂肪、粗纤维、和粗灰分的百分含量后的值。以％表示。

6.6　粗灰分含量

某个生育期粗灰分占其干物质的比例，用"％"表示。

6.7　磷含量

某个生育期磷占其干物质的比例，用"％"表示。

6.8　钙含量

某个生育期钙占其干物质的比例，用"％"表示。

6.9　氨基酸含量

某个生育期氨基酸占其干物质的比例，用"％"表示。

6.10　适口性

牲畜对匍匐翦股颖的嗜食程度。根据采食状况，可分为5个等级。

　　1　嗜食

　　2　喜食

　　3　乐食

　　4　采食

　　5　少食

6.11　草坪密度

通过单位面积内草坪植株个体（一般指分蘖枝条）数量多少来反映，分为5个等级。

　　1　致密

　　2　较密

　　3　一般

　　4　稀疏

5 很稀疏

6.12 草坪质地

草坪草叶片的宽度大小的指标，分为 5 个等级。

1 优

2 良好

3 一般

4 较差

5 极差

6.13 草坪色泽

草坪颜色指标，分为 5 个等级。

1 墨绿

2 深绿

3 绿

4 浅绿

5 黄绿

6.14 草坪均一性

是对草坪密度、颜色、质地、整齐性等差异程度的综合反映，分为 5 个等级。

1 很均匀

2 较均匀

3 均匀

4 不均匀

5 极不均匀

6.15 绿色期

一年中草坪有 80% 植株保持绿色的时间，用"天"表示。

6.16 草坪盖度

草坪植物的冠层投影到地表面积的百分率，用"％"表示。

6.17 耐践踏性

草坪耐受践踏能力大小，用践踏后直立枝条所占比例表示。分为 5 级。

1 优
2 良好
3 一般
4 较差
5 极差

6.18 草坪弹性

通过将足球从 3m 高自由下落回弹的高度反映。分为 5 个等级。

1 优
2 良好
3 一般
4 较差
5 极差

6.19 成坪速度

从播种到成坪的时间表示，用"天"表示。

7 抗逆性

7.1 抗旱性

植株忍耐或抵抗干旱的能力。分为 5 级。

1 强

　　2　较强

　　3　中等

　　4　弱

　　5　最弱

7.2　抗寒性

匍匐翦股颖忍耐或抵抗低温或寒冷的能力。分为5级。

　　1　强

　　2　较强

　　3　中等

　　4　弱

　　5　最弱

7.3　耐热性

匍匐翦股颖植株忍耐或抵抗高温的能力。分为5级。

　　1　强

　　2　较强

　　3　中等

　　4　弱

　　5　最弱

7.4　耐盐性

匍匐翦股颖忍耐或抵抗土壤盐分的能力。分为5级。

　　1　强

　　2　较强

　　3　中等

　　4　弱

　　5　最弱

8 抗病性

8.1 钱斑病抗性

匍匐翦股颖植株钱斑病（*Sclerotinia homoeocarpa* F. T. Bennet）的抗性强弱。抗性分为 5 级。

1 高抗（HR）

2 抗病（R）

3 中抗（MR）

4 感病（S）

5 高感（HS）

8.2 褐斑病抗性

匍匐翦股颖对褐斑病（*Rhizoctonia solani* Kuehn.）的抗性强弱。抗性分为 5 级。

1 高抗（HR）

2 抗病（R）

3 中抗（MR）

4 感病（S）

5 高感（HS）

8.3 腐霉枯萎病抗性

匍匐翦股颖植株对腐霉枯萎病（*Pythium ultimum* (Edson) Fitg.）的抗性强弱。抗性分为 5 级。

1 高抗（HR）

2 抗病（R）

3 中抗（MR）

4 感病（S）

5 高感（HS）

8.4 禾草全蚀病抗性

匍匐翦股颖植株对禾草全蚀病（*Ophiobolus graminis* Sacc.）的抗性强弱。抗性分为 5 级。

1 高抗（HR）

2 抗病（R）

3 中抗（MR）

4 感病（S）

5 高感（HS）

8.5 黑粉病抗性

匍匐翦股颖植株对黑粉病（*Ustigo strii formis*（West-end.）Niessl）的抗性强弱。抗性分为 5 级。

1 高抗（HR）

2 抗病（R）

3 中抗（MR）

4 感病（S）

5 高感（HS）

9 其他特征特性

9.1 种质用途

匍匐翦股颖利用方式可分为 2 类。

1 饲用

2 坪用

9.2 染色体倍数

匍匐翦股颖染色体倍数分为 4 种。

1 二倍体

2 四倍体

    3   五倍体

    4   六倍体

9.3　核型

表示染色体的数目、大小、形态和结构特征的公式。

9.4　指纹图谱与分子标记

匍匐翦股颖种质指纹图谱和重要性状的分子标记类型及其特征参数。

9.5　备注

匍匐翦股颖种质特殊描述符或特殊代码的具体说明。

四、葡萄葡萄股颖种质资源数据标准

序号	代号	描述符	字段名	字段英文名	字段类型	字段长度	字段小数位	单位	代码	代码英文名	例子
1	101	全国统一编号	统一编号	Accession number	C	8					CL222305
2	102	种质库编号	库编号	Genebank number	C	8					17B23056
3	103	种质圃编号	种质圃编号	Nursery number	C	8					GPMC2152
4	104	引种号	引种号	Introduction number	C	8					20030024
5	105	采集号	采集号	Collecting number	C	10					2005NM23
6	106	种质名称	种质名称	Accession name	C	30					粤选 1 号葡萄股颖

（续）

序号	代号	描述符	字段名	字段英文名	字段类型	字段长度	字段小数位	单位	代码	代码英文名	例子
7	107	种质外文名	种质外文名	Alien name	C	40					Yuexuan no. 1
8	108	科名	科名	Family	C	30					Gramineae (禾本科)
9	109	属名	属名	Genus	C	40					Agrostis L. (翦股颖属)
10	110	学名	学名	Species	C	50					Agrostis stolonifera L.
11	111	原产国	国家	Country of origin	C	16					中国
12	112	原产省	省	Province of origin	C	6					广东
13	113	原产地	原产地	Origin	C	20					仲恺农业技术学院
14	114	来源地	来源地	Sample source	C	24					广州
15	115	海拔	海拔	Elevation	N	5	0	m			4-103

（续）

序号	代号	描述符	字段名	字段英文名	字段类型	字段长度	字段小数位	单位	代码	代码英文名	例子
16	116	经度	经度	Longitude	N	6	0				12129
17	117	纬度	纬度	Latitude	N	5	0				3114
18	118	气候带	气候带	Climate zone	C	6			1：亚热带 2：暖温带 3：中温带 4：寒温带 5：高寒区域	1: Subtropic zone 2: Warm temperate zone 3: Temperate zone 4: Cold temperate zone 5: Alpine climate zone	暖温带
19	119	气候区	气候区	Climate region	C	10			1：湿润区 2：半湿润区 3：半干旱区 4：干旱区 5：极端干旱区	1: Humid region 2: Subhumid region 3: Semiarid regiong 4: Arid region 5: Extreme arid region	湿润区

（续）

序号	代号	描述符	字段名	字段英文名	字段类型	字段长度	字段小数位	单位	代码	代码英文名	例子
20	120	地形	地形	Topography	C	4			1：平原 2：丘陵 3：山地 4：高原 5：盆地 6：宽谷 6：峡谷	1：Plain 2：Hill 3：Mountain 4：Plateau 5：Basin 6：Wide valley 6：Canyon	平原
21	121	生态系统类型	生态系统类型	Ecosystem	C	4			1：森林 2：灌丛 3：草地 4：荒漠 5：耕地 6：湿地	1：Forest 2：Scrub 3：Grassland 4：Desert 5：Cultivated land 6：Wetland	草地
22	122	生境	生境	Habitat	C	10					潮湿草地、河岸、沟渠等
23	123	保存单位	保存单位	Donor institute	C	40					仲恺农业技术学院

（续）

序号	代号	描述符	字段名	字段英文名	字段类型	字段长度	字段小数位	单位	代码	代码英文名	例子
24	124	保存单位编号	单位编号	Donor accession number	C	10					0024
25	125	系谱	系谱	Pedigree	C	70					美国国际种子公司Penncross经高温高湿筛选而来
26	126	选育单位	选育单位	Breeding institute	C	40					仲恺农业技术学院
27	127	育成年份	育成年份	Releasing year	N	4					2004
28	128	选育方法	选育方法	Breeding methods	C	20					系选

（续）

序号	代号	描述符	字段名	字段英文名	字段类型	字段长度	字段小数位	单位	代码	代码英文名	例子
29	129	种质类型	种质类型	Biological status of accession	C	8			1：野生资源 2：地方品种 3：选育品种 4：品系 5：遗传材料 6：其他	1：Wild 2：Traditional cultivar/Landrace 3：Advanced /improved cultivar 4：Breeding line 5：Genetic stocks 6：Other	选育品种
30	130	种质保存类型	种质保存类型	Sample type of maintenance	C	4			1：种子 2：植株 3：花粉 4：DNA	1：Seed 2：Plant 3：Pollen 4：DNA	植株
31	131	图象	图象	Image file name	C	30					Agrostis1.jpg

（续）

序号	代号	描述符	字段名	字段英文名	字段类型	字段长度	字段小数位	单位	代码	代码英文名	例子
32	132	观测地点	观测地点	Observation location	C	16					广州
33	133	种植方式	种植方式	Type of planting	C	4			1：穴播（移栽）2：条播 3：撒播	1: Spaced single 2: Rows 3: Broad casting	移栽
34	201	根系入土深度	根系入土深度	Depth of root inside soil	N	4	1	cm			15.0
35	202	匍匐茎秆直径	匍匐茎秆直径	Length of stolon	N	4	1	mm			
36	203	匍匐茎节间长度	匍匐茎节间长度	Diameter of stolon internode	N	4	2	cm			
37	204	茎秆节间长度	茎秆节间长度	Length of culm internode	N	4	2	cm			0.42
38	205	茎秆直径	茎秆直径	Diameter of culm	N	4	1	mm			3.4

（续）

序号	代号	描述符	字段名	字段英文名	字段类型	字段长度	字段小数位	单位	代码	代码英文名	例子
39	206	茎节直径	茎节直径	Diameter of culm internoda	N	4	1	mm			6.5
40	207	叶宽	叶宽	Blade width	N	4	2	cm			0.23
41	208	叶长	叶长	Blade length	N	4	2	cm			2.6
42	209	叶鞘宽	叶鞘宽	Sheath width	N	4	1	mm			2.0
43	210	叶鞘长	叶鞘长	Sheath length	N	4	1	mm			7.9
44	211	叶舌形态	叶舌形态	Ligule type	C	4			1：有齿 2：破裂	1：Flat 2：Involute	有齿
45	212	叶舌长	叶舌长	Ligule length	N	4	1	mm			0.6
46	213	叶舌宽	叶舌宽	Ligule width	N	4	1	mm			1.2
47	214	叶片形态	叶片形态	Blade Type	C	4			1：扁平 2：卷曲	1：Constricted at the base 2：Twisted	扁平
48	215	花的颜色	花色	Flower color	C	4			1：黄色 2：紫色	1：Yellow 2：Purple	—

（续）

序号	代号	描述符	字段名	字段英文名	字段类型	字段长度	字段小数位	单位	代码	代码英文名	例子
49	216	花序长度	花序长度	Lenth of inflorescence	N	4	1	cm			—
50	217	花序宽度	花序宽度	Width of inflorescence	N	3	1	cm			—
51	218	小穗宽	小穗宽	Width of spikelet	N	3	1	mm			—
52	219	小穗长	小穗长	Length of spikelet	N	4	1	mm			—
53	220	颖长	颖长	length of glume	N	4	1	mm			—
54	221	内稃长度	内稃长度	length of palea	N	4	1	mm			—
55	222	外稃长度	外稃长度	length of lemma	N	4	1	mm			—
56	223	基盘被毛	基盘被毛	Hairs of lodicule	C	4			1: 有 2: 无		—
57	224	播种期	播种期	Seeding date	D	8					—

（续）

序号	代号	描述符	字段名	字段英文名	字段类型	字段长度	字段小数位	单位	代码	代码英文名	例子
58	225	出苗期	出苗期	Seedling	D	8					—
59	226	返青期	返青期	Green-up stage	D	8					—
60	227	分蘖期	分蘖期	Tillering	D	8					—
61	228	拔节期	拔节期	Jointing stage	D	8					—
62	229	抽穗期	抽穗期	Heading stage	D	8					—
63	230	开花期	开花期	Flowering	D	8					—
64	231	乳熟期	乳熟期	Milk	D	8					—
65	232	蜡熟期	蜡熟期	Dought	D	8					—
66	233	完熟期	完熟期	Full mature	D	8					—
67	234	分蘖数	分蘖数	Number of tiller	N	3	0	个			135
68	235	生育天数	生育天数	Growth cycle	N	3		天			—
69	236	枯黄期	枯黄期	Withering stage	D	8		天			—

（续）

序号	代号	描述符	字段名	字段英文名	字段类型	字段长度	字段小数位	单位	代码	代码英文名	例子
70	237	生长天数	生长天数	Growing period	N	3		天			365
71	238	再生性	再生性	Regrowth ability	C	4			1：良好 2：中等 3：较差	1：Well 2：Intermeediate 3：Relatively poor	良好
72	239	落粒性	落粒性	Shattering	C	8			1：不脱粒 2：稍脱粒 3：脱粒	1：Non-shattering 2：Slight shattering 3：Shattering	—
73	240	千粒重	千粒重	Weight per 1000 grains	N	4	2	g			—
74	241	发芽势	发芽势	Vigor of germination	N	5	1	%			—
75	242	发芽率	发芽率	Germination rate	N	5	1	%			—

（续）

序号	代号	描述符	字段名	字段英文名	字段类型	字段长度	字段小数位	单位	代码	代码英文名	例子
76	243	种子生活力	种子生活力	Seed vigor	N	3	0	%			—
77	244	种子寿命	种子寿命	Seed longevity	C	4			1：短命 2：中命 3：长命	1：Short-lived 2：Medium-lived 3：Long-lived	短命
78	245	春化作用类型	春化作用类型	Jarovization	C	6			1：冬性 2：弱冬性 3：春性	1：Winterness 2：Weak winterness 3：Springness	弱冬性
79	246	株高	株高	Plant height	N	5	1	cm			5-16
80	247	鲜草产量	鲜草产量	Fresh yield	N	7	1	kg/hm²			2033.5

（续）

序号	代号	描述符	字段名	字段英文名	字段类型	字段长度	字段小数位	单位	代码	代码英文名	例子
81	248	干草产量	干草产量	Dry matter yield	N	7	1	kg/hm²			232.6
82	249	种子产量	种子产量	Seed yield	N	5	1	kg/hm²			—
83	250	茎叶比	茎叶比	Biomass ratio of stem to blade	N	4	2	1:X			—
84	301	粗蛋白质含量	粗蛋白	Crude protein Content	N	5	2	%			—
85	302	粗脂肪含量	粗脂肪	Crude fat content	N	4	2	%			—
86	303	粗纤维素含量	粗纤维素	Crude fiber content	N	5	2	%			—
87	304	无氮浸出物含量	无氮浸出物含量	Nitrogen-free extract content	N	5	2	%			—
88	305	粗灰分含量	粗灰分含量	Crude ash content	N	5	2	%			—

（续）

序号	代号	描述符	字段名	字段英文名	字段类型	字段长度	字段小数位	单位	代码	代码英文名	例子
89	306	磷含量	磷	Phosphorus content	N	4	2	%			—
90	307	钙含量	钙	Calcium content	N	4	2	%			—
91	308	氨基酸含量	氨基酸	Amino acid content	N	4	2	%			—
92	309	水分含量	水分	Water content	N	5	2	%			88.56
93	310	适口性	适口性	Palatability	C	4			1: 嗜食 2: 喜食 3: 乐食 4: 采食 5: 少食 6: 不食	1: Be addict-ek to eating 2: Eating fast 3: Happy to eating 4: Pick 5: Little 6: Not eating	喜食

（续）

序号	代号	描述符	字段名	字段英文名	字段类型	字段长度	字段小数位	单位	代码	代码英文名	例子
94	311	草坪密度	草坪密度	Turfgrass Density	C	6			1：致密 2：较密 3：一般 4：稀疏 5：很稀疏	1：Hight density 2：Middle density 3：Low density 4：Sparseness 5：Very sparse	致密
95	312	草坪质地	草坪质地	Turfgrass Leaf texture	C	4			1：优 2：良好 3：一般 4：较差 5：极差	1：Excellentt 2：Good 3：Common 4：Poor 5：Very poor	优
96	313	草坪色泽	草坪色泽	Turfgrass Color	C	4			1：墨绿 2：深绿 3：绿 4：浅绿 5：黄绿	1：Excellentt 2：Good 3：Common 4：Poor 5：Very poor	深绿

（续）

序号	代号	描述符	字段名	字段英文名	字段类型	字段长度	字段小数位	单位	代码	代码英文名	例子
97	314	草坪均一性	草坪均一性	Turfgrass Uniformity	C	8			1: 很均匀 2: 较均匀 3: 均匀 4: 不均匀 5: 极不均匀	1: Excellentt 2: Good 3: Common 4: Poor 5: Very poor	很均匀
98	315	绿色期	绿色期	Keeping-green Days	N	2	0	d			365
99	316	草坪盖度	草坪盖度	Turfgrass coverage	N	2	1	%			94.3%
100	317	耐践踏性	耐践踏性	Traffic tolerance	C	4			1: 优 2: 良好 3: 一般 4: 较差 5: 极差	1: Excellentt 2: Good 3: Common 4: Poor 5: Very poor	一般

（续）

序号	代号	描述符	字段名	字段英文名	字段类型	字段长度	字段小数位	单位	代码	代码英文名	例子
101	318	草坪弹性	草坪弹性	Turfgrass Spring	C	4			1：优 2：良好 3：一般 4：较差 5：极差	1：Excellent 2：Good 3：Common 4：Poor 5：Very poor	优
102	319	成坪速度	成坪速度	Days between seeding and growing up	N	2	0	d			45
103	401	抗旱性	抗旱性	Drought resistance	C	4			1：强 2：较强 3：中等 4：弱 5：最弱	1：Very strong 2：Strong 3：Intermeidate 4：Weak 5：Very weak	弱

（续）

序号	代号	描述符	字段名	字段英文名	字段类型	字段长度	字段小数位	单位	代码	代码英文名	例子
104	402	抗寒性	抗寒性	Winter hardiness	C	4			1: 强 2: 较强 3: 中等 4: 弱 5: 最弱	1: Very strong 2: Strong 3: Intermeidate 4: Weak 5: Very weak	较强
105	403	耐热性	耐热性	Heat endurance	C	4			1: 强 2: 较强 3: 中等 4: 弱 5: 最弱	1: Very strong 2: Strong 3: Intermeidate 4: Weak 5: Very weak	较强

（续）

序号	代号	描述符	字段名	字段英文名	字段类型	字段长度	字段小数位	单位	代码	代码英文名	例子
106	404	耐盐性	耐盐性	Salinity tolerant	C	4			1：强 2：较强 3：中等 4：弱 5：最弱	1: Very strong 2: Strong 3: Intermeiadte 4: Weak 5: Very weak	中等
107	501	钱斑病	钱斑病	Resistance to dollar spot	C	4			1：高抗(HR) 2：抗病(R) 3：中抗(MR) 4：感病(S) 5：高感(HS)	1: High resistance 2: Moderate resistance 3: Low susceptibility 4: Moderate susceptibility 5: High susceptibility	抗病

（续）

序号	代号	描述符	字段名	字段英文名	字段类型	字段长度	字段小数位	单位	代码	代码英文名	例子
108	502	褐斑病	褐斑病	Resistance to brown patch	C	4			1：高抗 (HR) 2：抗病 (R) 3：中抗 (MR) 4：感病 (S) 5：高感 (HS)	1：High resistance 2：Moderate resistance 3：Low susceptibility 4：Moderate susceptibility 5：High susceptibility	抗病
109	503	腐霉枯萎病抗性	腐霉枯萎病	Resistance to pythium diseases	C	4			1：高抗 (HR) 2：抗病 (R) 3：中抗 (MR) 4：感病 (S) 5：高感 (HS)	1：High resistance 2：Moderate resistance 3：Low susceptibility 4：Moderate susceptibility 5：High susceptibility	抗病

（续）

序号	代号	描述符	字段名	字段英文名	字段类型	字段长度	字段小数位	单位	代码	代码英文名	例子
110	504	全蚀病抗性	全蚀病	Resistance to take-all	C	4			1：高抗（HR） 2：抗病（R） 3：中抗（MR） 4：感病（S） 5：高感（HS）	1: High resistance 2: Moderate resistance 3: Low susceptibility 4: Moderate susceptibility 5: High susceptibility	抗病
111	505	黑粉病抗性	黑粉病抗性	Resistance to smut	C	4			1：高抗（HR） 2：抗病（R） 3：中抗（MR） 4：感病（S） 5：高感（HS）	1: High resistance 2: Moderate Rresistance 3: Moderate resistance 4: Moderate Susceptible 5: High susceptible	抗病

（续）

序号	代号	描述符	字段名	字段英文名	字段类型	字段长度	字段小数位	单位	代码	代码英文名	例子
112	601	种质用途	种质用途	Uses of germplasm	C	4			1: 饲用 2: 坪用	1: Forage 2: Turfgrass	坪用
113	602	染色体倍数	染色体倍数	Ploidy of chromosome	C	6			1: 二倍体 2: 四倍体 3: 五倍体 4: 六倍体	1: Diploid 2: Allotetraploid 3: Pentaploid 4: Hexaploid	—
114	603	核型	核型	Karyotype	C	20					—
115	604	指纹图谱与分子标记	分子标记	Finger printing and molecular marker	C	40					—
116	605	备注	备注	Remarks	C	30					—

五、匍匐翦股颖种质资源数据
质量控制规范

1 范围

本标准规定了匍匐翦股颖种质资源数据采集过程中的质量控制内容和方法。

本标准适用于匍匐翦股颖种质资源的整理、整合和共享。

2 规范性引用文件

下列文件中的条款通过本标准的引用而成为本规范的条款。凡是注明日期的引用文件，其随后所有的修改单（不包括勘误的内容）或修订版均不适用于本规范，然而，鼓励根据本标准达成协议的各方研究是否可使用这些标准的最新版本。凡是不注明日期的引用文件，其最新版本适用于本规范。

ISO 3166 Codes for the Representation of Names of Countries

GB/T 2659 世界各国和地区名称代码

GB/T 2260 中华人民共和国行政区划代码

GB/T 12404 单位隶属关系代码

GB/T 2930.1～2930.11－2001 牧草种子检验规程

GB/T 6432—1994　饲料中粗蛋白测定方法

GB/T 6433—1994　饲料粗脂肪测定方法

GB/T 6434—1994　饲料中粗纤维测定方法

GB/T 6438—1992　饲料中粗灰分的测定方法

GB/T 6437—2002　饲料中总磷的测定分光光度法

GB/T 6436—2002　饲料中钙的测定方法

GB/T 18246—2000　饲料中氨基酸的测定

GB/T 6435—1986　饲料水分的测定方法

GB/T 8170—1987　数值修约规则

ISTA　国际种子检验规程

3　数据质量控制的基本方法

3.1　形态特征和生物学特性观测试验设计

3.1.1　试验地点

试验地点的环境条件应能够满足匍匐翦股颖植株的正常生长及其性状的正常表达。

3.1.2　田间设计

匍匐翦股颖在春、秋都可以播种。试验小区为 $10m^2$（$2m \times 5m$），随机区组排列，播深 0.5～1cm。播种量为每公顷 30～50kg。重复 3 次，试验地周围应设保护行或保护区。

3.1.3　栽培环境条件控制

试验地土质应有当地代表性，肥力均匀，试验地要远离污染、无人畜侵扰、附近无高大建筑物。试验地的栽培管理与大田生产基本相同，采用相同水肥管理，及时防治病虫害，保证幼苗和植株的正常生长，要注意中耕除草，要适时进行灌溉，夏末松土结合施肥。种子收获不宜过迟。

3.2 数据采集

形态特征和生物学特性观测试验原始数据的采集应在匍匐翦股颖种质正常生长情况下获得。如遇自然灾害等因素严重影响植株正常生长，应重新进行观测试验和数据采集。

3.3 试验数据统计分析和校验

每份种质的形态特征和生物学特性观测数据依据对照品种进行校验。根据 2 年度以上的观测校验值，计算每份种质性状的平均值、变异系数和标准差，并进行方差分析，判断试验结果的稳定性和可靠性。取校验值的平均值作为该种质的性状值。

4 基本信息

4.1 全国统一编号

匍匐翦股颖种质资源的全国统一编号由"CA"加 6 位顺序号组成的 8 位字符串，如"CL888777"。其中"CA"代表 China Agrostis，后 6 位数字代表具体匍匐翦股颖种质的编号。全国编号具有唯一性。

4.2 种质库编号

种质库编号是由 I7B 加 5 位顺序号组成的 8 位字符串，如"I7B06788"。其中 I7B 代表国家农作物种质资源长期库中的牧草种质，后五位为顺序号，从"00001"到"99999"，代表具体匍匐翦股颖种质的编号。只有已进入国家农作物种质资源长期库保存的种质才有种质库编号。每份种质有唯一的种质库编号。

4.3 种质圃编号

种质在国家多年生和无性繁殖圃的编号。牧草种质圃编号为 8 位字符串，如"GPMC0155"，前 4 位"GPMC"为国家给牧草圃的代码，后 4 位为顺序号，代表具体牧草种质的编号。每份种质具有唯一的种质圃编号。

4.4 引种号

引种号是由年份加 4 位顺序号组成的 8 位字符串，如"19940028"，前四位表示种质从境外引进年份，后四位为顺序号，从"0001"到"9999"。每份引进种质具有唯一的引种号。

4.5 采集号

匍匐翦股颖种质在野外采集时赋予的编号，一般由年份加 2 位省份代码加顺序号组成。

4.6 种质名称

国内种质的原始名称和国外引进种质的中文译名，如果有多个名称，可以放在英文括号内，用英文逗号分隔，如"种质名称 1（种质名称 2，种质名称 3）"；国外引进种质如果没有中文译名，可以直接填写种质的外文名。

4.7 种质外文名

国外引进种质的外文名和国内种质的汉语拼音名。每个汉字的汉语拼音之间空一格，每个汉字汉语拼音的首字母大写，如"Pu Fu Jian Gu Ying"。国外引进种质的外文名应注意大小写和空格。

4.8 科名

科名由拉丁名加英文括号内的中文名组成，如"Gramineae（禾本科）"。

4.9 属名

属名由拉丁名加英文括号内的中文名组成，如

"*Agrostis* L.（翦股颖属）"。

4.10 学名

学名由拉丁名加英文括号内的中文名组成，如"*Agrostis stolonifera* L.（匍匐翦股颖）"。

4.11 原产国

匍匐翦股颖种质原产国家名称、地区名称或国际组织名称。国家和地区名称参照 ISO 3166 和 GB/T2659，如该国家名称已不存在，应在原国家名称前加"前"，如"前苏联"。国家组织名称用该组织的英文缩写，如"IPGRI"

4.12 原产省

匍匐翦股颖种质原产省份，省份名称参照 GB/T2260。国外引进种质原产省用原产国家一级行政区的名称。

4.13 原产地

匍匐翦股颖种质的原产县（县级市、区）、乡（镇）、村名称。县（县级市）名参照 GB/T2260。

4.14 来源地

国内匍匐翦股颖种质的来源省和县名称，国外引进种质的来源国家、地区名称或国际组织名称。国家、地区和国际组织名称同 4.11，省和县名称参照 GB/T2260。

4.15 海拔

匍匐翦股颖种质资源原产地具体生长地点的海拔高度，单位为 m。

4.16 经度

匍匐翦股颖种质资源原产地的经度，单位为度和分。格式为 DDDFF，其中 DDD 为度，FF 为分。东经为正值，西经为负值，例如，"12125"代表东经 121°25′，"−10209"

代表西经 102°9′。

4.17 纬度

匍匐翦股颖种质资源原产地的纬度，单位为度和分。格式为 DDFF，其中 DD 为度，FF 为分。北纬为正值，南纬为负值，例如，"3208" 代表北纬 32°8′，"—2542" 代表南纬 25°42′。

4.18 气候带

匍匐翦股颖种质原产地所属气候带。参考中国自然地理区划和植被区划的相关论著，以大气温度指标划分为 5 个纬度气候带。

1 亚热带

2 暖温带

3 中温带

4 寒温带

5 高寒区域

4.19 气候区

匍匐翦股颖种质资源原产地所属气候区。参考中国自然地理区划和植被区划的相关论著，以大气水分指标划分为 4 个气候区。

1 湿润区（旱季不显著的湿润区年降水量为 1000～2000mm，干燥度＜1.0；旱季显著的湿润区年降水量为 600～1000mm，干燥度为 0.5～1.5。）

2 半湿润区（年降水量为 400～500mm，干燥度为 1.0～1.6。）

3 半干旱区（年降水量为 250～350（～400）mm，干燥度为 1.6～3.5。）

    4 干旱区（年降水量为 150～200mm，干燥度为 3.5～16.0。）

4.20 地形

匍匐翦股颖种质资源原产地的地形。分为 7 类。

    1 平原

    2 丘陵

    3 山地

    4 高原

    5 盆地

    6 宽谷

    7 峡谷

4.21 生态系统类型

匍匐翦股颖种质原产地所属陆地生态系统。分为：

    1 森林（热带湿润地区的雨林，亚热带湿润地区的常绿阔叶林，中纬度湿润地区的落叶阔叶林和北半球寒温带地区的针叶林）。

    2 灌丛（温带、亚热带和热带湿润至半干旱地区以中生和中旱生灌木为主要成分的高寒灌丛、落叶灌丛和常绿灌丛）。

    3 草地（温带至热带以旱生多年生草本或小半灌木组成的草原和以中生多年生草本组成的草甸）。

    4 荒漠（温带、亚热带干旱和极端干旱地区，以旱生、超旱生的灌木、半灌木或小半灌木为主要成分）。

    5 耕地（种植农作物的土地）。

    6 湿地（内陆地区的沼泽地、泥炭地和水域地带以及沿海地区的滩涂）。

4.22 生境

匍匐翦股颖种质原材料采集地的小环境。如"湖盆边缘"、"河漫滩草甸"、"石质山坡"、"阴坡"、"阳坡"、"田埂"、"路边"、"庭院"等。

4.23 保存单位

匍匐翦股颖种质提交国家农作物种质资源长期保存库（圃）保存前的单位名称。单位名称应写全称，例如"中国农业科学院北京畜牧兽医研究所"。

4.24 保存单位编号

匍匐翦股颖种质在原保存单位中的种质编号。保存单位编号在同一保存单位应具有唯一性。

4.25 系谱

匍匐翦股颖选育品种（系）的亲缘关系。

4.26 选育单位

选育匍匐翦股颖品种（系）的单位名称或个人。单位名称应写全称，例如"中国农业科学院北京畜牧兽医研究所"。

4.27 育成年份

匍匐翦股颖品种（系）培育成功的年份。例如"1980"、"2002"等。

4.28 选育方法

匍匐翦股颖品种（系）的育种方法。例如"系选"、"杂交"、"辐射"等。

4.29 种质类型

匍匐翦股颖种质资源的类型，分为6类。

1 野生资源

2 地方品种

3 选育品种

4 品系

5 遗传材料

6 其他

4.30 种质保存类型

种质保存类型包括以下 4 类，分别为：

1 种子

2 植株

3 花粉

4 DNA

4.31 图象

匍匐翦股颖种质的图象文件名，图象格式为 .jpg。图象文件名由统一编号加半连号"-"加序号加".jpg"组成。如有多个图象文件，图象文件名用英文分号分隔，如"CL000289-1.jpg；CL000289-2.jpg"。图象对象主要包括植株、花、穗、种子、特异性状等。图象要清晰，对象要突出。

4.32 观测地点

匍匐翦股颖种质形态特征和生物学特性的观测地点，记录到省和县名，如"河南安阳"。

4.33 种植方式

匍匐翦股颖种质材料在试验小区的种植或移植的方式。分为 3 类。

1 穴播（穴播或移植，株距＞20cm。）

2 条播（按行播种，行距 30cm，行内株距＜10cm。）

3 撒播

5 形态特征和生物学特性

5.1 根系入土深度

试验结束时测定。在试验小区内随机抽取开花的植株 10 株，采用土层剖面法，测量由土表到根系末端的深度。单位为 cm，精确到 0.1cm。

5.2 匍匐茎秆直径

花期测定。在试验小区内随机抽取开花的植株 10 株，分别测每一株最宽匍匐茎的中部宽度。单位为 mm，精确到 0.1mm。

5.3 匍匐茎节间长度

花期测定。在试验小区内随机抽取开花的植株 10 株，分别测每一株中部相邻两个匍匐茎节之间的距离。单位为 cm，精确到 0.1cm。

5.4 茎秆节间长度

花期测定。在试验小区内随机抽取开花的植株 10 株，分别测每一株中部相邻两个节之间的距离。单位为 cm，精确到 0.1cm。

5.5 茎秆直径

花期测定。在试验小区内随机抽取开花的植株 10 株，分别测每一株最宽茎的中部宽度。单位为 mm，精确到 0.1mm。

5.6 茎节直径

花期测定。在试验小区内随机抽取开花的植株 10 株，分别测每一株最宽节的宽度。单位为 mm，精确到 0.1mm。

5.7 叶宽

花期测定。在试验小区内随机抽取开花的植株 10 株，分别测每一株中部叶片最宽处的绝对长度。卷曲或反卷的叶片要展开测量。单位为 cm，精确到 0.1cm。

5.8 叶长

花期测定。在试验小区内随机抽取开花的植株 10 株，分别测量每一株中部叶片从叶颈至叶尖的绝对长度。单位为 cm，精确到 0.1cm。

5.9 叶鞘宽

花期测定。在试验小区内随机抽取开花的植株 10 株，分别测每一株中部叶片叶鞘最宽处的绝对长度。单位为 mm，精确到 0.1mm。

5.10 叶鞘长

花期测定。在试验小区内随机抽取开花的植株 10 株，分别测量每一株中部叶片叶鞘的绝对长度。单位为 mm，精确到 0.1mm。

5.11 叶舌形态

花期用目测法判断。在试验小区内随机抽取开花的植株 10 株，观测茎中部的叶片叶舌形态。

1 齿状

2 破裂

5.12 叶舌长

花期测定。在试验小区内随机抽取开花的植株 10 株，分别测量每一株中部叶片叶舌的绝对长度。单位为 mm，精确到 0.1mm。

5.13 叶舌宽

花期测定。在试验小区内随机抽取开花的植株 10 株，分别测每一株中部叶片叶舌基部的绝对长度。单位为 mm，精确到 0.1mm。

5.14 叶片形态

花期用目测法判断。在试验小区内随机抽取开花的植株 10 株，观测茎中部的叶片形态。因匍匐翦股颖的叶片形态随着环境湿度、温度和光照条件发生变化，所以观测时环境条件应一致，选择晴朗干燥的天气。以相同叶形态的植株达到 70% 为准。

    1   扁平

    2   卷曲

5.15 花序颜色

花期用标准色卡目测判断。以全小区为调查对象，在正常一致的光照条件下观测花的颜色。以相同颜色的植株达到 70% 为准。

    1   紫色

    2   黄色

5.16 花序长度

花期测定。在试验小区内随机抽取开花的植株 10 株，测量每一株中部花序的长度，单位为 cm，精确到 0.1cm。

5.17 花序宽度

花期测定。在试验小区内随机抽取开花的植株 10 株，测量每一株中部花序的宽度，单位为 cm，精确到 0.1cm。

5.18 小穗宽

花期测定。在试验小区内随机抽取开花的植株 10 株，测量主茎穗中部小穗的宽度，单位为 mm，精确到 0.1mm。

5.19 小穗长

花期测定。在试验小区内随机抽取开花的植株 10 株，测量主茎穗中部小穗的长度，单位为 mm，精确到 0.1mm。

5.20　颖长

花期测定。在试验小区内随机抽取开花的植株 10 株，观察主茎穗中部小穗第一颖的长度。单位为 mm，精确到 0.1mm。

5.21　内稃长度

花期测定。在试验小区内随机抽取开花的植株10株，观察主茎穗中部小穗外稃的长度。单位为 mm，精确到 0.1mm。

5.22　外稃长度

花期测定。在试验小区内随机抽取开花的植株 10 株，观察主茎穗中部小穗内稃的长度。单位为 mm，精确到 0.1mm。

5.23　基盘被毛

花期测定。在试验小区内随机抽取开花的植株 10 株，观察主茎穗中部小穗外稃基盘是否具毛。

1　有

2　无

5.24　播种期

记录匍匐翦股颖播种日期，以"年　月　日"表示，格式为"YYYYMMDD"。

5.25　出苗期

指匍匐翦股颖种子萌发出土的日期。用目测法，鉴定的标准是在播种小区内有 50% 幼苗露出地面时为出苗期。如果观察小区面积大，对小区内的 1/2 或 1/4 的地段进行观察，在这一发育阶段（时期）来到之前及其通过之时，每天进行观察。以"年　月　日"表示，格式"YYYYMMDD"。

5.26　返青期

指匍匐翦股颖越冬或越夏以后的植株重新生长的日期。用目测法，鉴定的标准是播种小区内有50％的植株返青时为返青期。如果观察小区面积大，对小区内的1/2或1/4的地段进行观察，在这一发育阶段（时期）来到之前及其通过之时，每天进行观察。以"年　月　日"表示，格式"YYYYMMDD"。

5.27　分蘖期

指匍匐翦股颖从分蘖节产生侧枝的时期。用目测法，鉴定的标准是，50％的幼苗从其基部分蘖节产生侧芽，并形成新枝即为分蘖期。如果观察小区面积大，对小区内的1/2或1/4的地段进行观察，在这一发育阶段（时期）来到之前及其通过之时，每天进行观察。以"年　月　日"表示，格式"YYYYMMDD"。

5.28　拔节期

指匍匐翦股颖在地面出现第一个茎节时的日期。用目测法，鉴定的标准是以50％的植株第一个节露出地面1～2cm即为拔节期。如果观察小区面积大，对小区内的1/2或1/4的地段进行观察，在这一发育阶段（时期）来到之前及其通过之时，每天进行观察。以"年　月　日"表示，格式"YYYYMMDD"。

5.29　抽穗期

用目测法，鉴定的标准是50％的花序从顶部叶鞘伸出1cm时称抽穗期。如果观察小区面积大，对小区内的1/2或1/4的地段进行观察，在这一发育阶段（时期）来到之前及其通过之时，每天进行观察。以"年 月 日"表示，格式"YYYYMMDD"。

5.30 开花期

用目测法，鉴定的标准是匍匐翦股颖 50％的植株开花叫开花期。如果观察小区面积大，对小区内的 1/2 或 1/4 的地段进行观察，在这一发育阶段（时期）来到之前及其通过之时，每天进行观察。以"年 月 日"表示，格式"YYYYMMDD"。

5.31 乳熟期

50％以上植株的籽粒内充满乳汁并接近正常大小叫乳熟期。以"年 月 日"表示，格式"YYYYMMDD"。

5.32 蜡熟期

80％以上的种子内含物变干，呈蜡质状为蜡熟期。以"年 月 日"表示，格式"YYYYMMDD"。

5.33 完熟期

80％以上的种子变坚硬，常开始脱落为完熟期。以"年 月 日"表示，格式"YYYYMMDD"。

5.34 分蘖数

开花期采用随机取样法，在小区内选取具有代表性的地段 3～5 处，每处选 5～8 株，调查匍匐翦股颖的分蘖数。单位为个。

5.35 生育天数

从匍匐翦股颖播种后开始记录从出苗到成熟期的天数。单位为 d，精确到整数位。

5.36 枯黄期

用目测法，鉴定的标准是 50％的植株茎叶枯黄或者失去生活机能的时期，如果观察小区面积大，对小区内的1/2或1/4的地段进行观察，在这一发育阶段（时期）来到之前及其通过之时，每天进行观察。以"年　月　日"表示，格式"YYYYMMDD"。

5.37　生长天数

记录匍匐翦股颖从返青期到枯黄期的天数。单位为 d，精确到整数位。

5.38　再生性

被刈割或放牧利用后重新恢复绿色株丛的能力叫做再生性。再生性的好坏、强弱是生活力的一种表现，也是衡量其经济特性的一项重要指标。衡量标准一般是以再生速度、再生次数和再生草产量等3个指标来测定的。

可分为3类

1　良好（再生速度快，再生次数多，再生草产量高。）

2　中等（在两者之间。）

3　较差（再生速度慢，再生次数少，再生产量低。）

5.39　落粒性

种子从其母株上散落的性能。以目测法分3级。

1　不脱落（有外力或阳光暴晒时不落粒）

2　稍脱落（有外力或阳光暴晒时少量种子脱落）

3　脱落（稍有外力脱落或边熟边落粒）

5.40　千粒重

一定水分条件下1000粒完整种子的重量，单位用"g"表示。精确到0.01g。

数据的采集方法及单位和精度：

在待测样品中进行随机取样，8个重复，每个重复100

粒种子，然后用感量为 0.0001g 的电子天平进行测定，单位用"g"表示，小数的位数应符合 GB/T2930.2—2001 中表1 的规定，将 8 个重复 100 粒的重量换算成 1000 粒种子的平均重量。

待测样品应为新鲜的风干种子；种子不应有去芒去皮处理；样品数量控制在小粒种子 150g、中粒种子 500g、大粒种子 5000g 以上。

5.41　发芽势

发芽势的数据采集是在进行种子发芽率检测初期进行，在规定的天数内，记数正常发芽的种子数占供试种子的百分比。以％表示，精确到 0.1％。发芽势的计算公式如下：

$$发芽势（\%）= \frac{规定天数内全部正常发芽种子数}{供试种子数} \times 100$$

5.42　发芽率

在标准条件下对种子发芽率进行检测。从经过充分混合的净种子（见 GB/T2930.2）中，随机分取 400 粒种子，每100 粒为 1 次重复，置于垫铺滤纸的培养皿中。每粒种子应保持一定距离，以减少相邻种子对种苗发育的影响和病菌的相互感染。注水一致，使种子充分吸水。盖好培养皿上盖，置于发芽箱中进行恒温或变温发芽，发芽床要始终保持湿润。不同匍匐翦股颖种子有不同的恒温或变温要求，根据"GB/T2930.1～2930.11—2001"中发芽试验技术规定，对变温处理时间、光照及破除休眠方法进行规范。

发芽观测时间一般为 2 周，首次记数在第 5 天开始，以后应每隔 1～2 天记数一次，记录符合规程标准的正常种苗。将明显死亡的腐烂种子取出并记数。末次记数时，分别记录所有正常种苗、不正常种苗、新鲜未发芽种子和死种子数。正常种苗的百分率为发芽率。然后计算 4 次重复的平均数，以％表示，精确到 0.1％。如果 4 次重复的数值之间均未超出 ISTA 规定的最大容许误差，则结果是可靠的，4 次重复的平均数即为该样品的发芽率。如果 4 次重复的数值之间超出上述规定，数值修约按照 GB/T8170−1987 进行。

计算公式：

$$发芽率（％）= \frac{发芽终期全部正常发芽种子数}{供试种子数} \times 100$$

5.43　种子生活力

匍匐翦股颖种子生活力的测定，按照 GB/T2930.5−2001 所规定的种子生活力生物化学（四唑）测定方法进行，首先按 GB/T2930.2 净度分析方法，从充分混合的净种子中，随机数取 100 粒种子，4 个重复，然后将种子完全浸入水中，进行染色前的预湿处理，然后染色，如果在 GB/T2930.5-2001 规定的染色浓度和时间内染色不完全，可延长染色时间，以便证实染色不理想是由于四唑盐类吸收缓慢，而不是由于种子内部缺陷所致，染色结束后立即进行鉴定，然后分别统计各重复中有活力的种子，计算平均值，以％表示，重复间最大容许误差不得超过 GB/T2930.4−2001 中表 B1 的规定，平均百分率按 GB/T8170 修约至最接近的整数。

5.44　种子寿命

在一定环境条件下匍匐翦股颖种子生活力保持的期限。分 3 类。

1　短命（种子寿命在 3 年以内。）

2 中命（种子寿命为 3～15 年。）

3 长命（种子寿命为 15 年以上。）

5.45 春化作用类型

采用目测法，观测记载匍匐翦股颖不同品种所具有的冬性、弱冬性和春性类型。春播种当年可开花结实的为春性，不能开花结实需经过冬季低温处理后，才能开花结实的为冬性，介于二者之间的为弱冬性。

5.46 株高

在匍匐翦股颖的开花期进行。采用随机取样法，在小区内选取具有代表性的地段 3～5 处，每处选 10 株，分别以随机取样的方法进行测量。测量时自地面量至植株的最高部位的长度，单位为 cm，精确到 0.1cm。

5.47 鲜草产量

在抽穗期至初花期测定，选择有代表性的小区，通常按随机排列法排列，测产小区面积通常 10m²。测产面积为 1m²，采用样方法，重复 3 次，严防在边行及密度不正常的地段测产。为防止水分散失，边割边称重。单位为 kg/hm²，精确到 0.1kg。

5.48 干草产量

测定完鲜草产量的匍匐翦股颖分别装入布袋，待阴干后称其风干重。单位为 kg/hm²，精确到 0.1kg。

5.49 种子产量

在成熟期测定，选择有代表性的小区，通常按随机排列法排列，测产小区面积通常 10m²。测产面积为 1m²，采用样方法，重复 3 次，严防在边行及密度不正常的地段测产。单位为 kg/hm²，精确到 0.1kg。

5.50 茎叶比

开花期测定。在试验小区内随机抽取抽穗的植株 10 株（丛），分别齐地面剪下，将茎（含叶鞘）、叶（含花序）分开，待风干后分别称重，单位为 g，精确到 0.1g。称重后用以下公式计算单株（丛）牧草的茎叶比，取平均数。表示方法为：1∶X，精确到 0.1。

$$X = \frac{W_l}{W_s}$$

式中，X——叶重与茎重的比值；

W_s——茎重，g；

W_l——叶重，g。

6 品质特性

6.1 粗蛋白质含量

在抽穗期或某个生育期采样，采用凯氏定氮法，按照 GB/T6432—1994 饲料中粗蛋白测定方法。以％表示，精确到 0.01％。

（1）试剂

硫酸（GB 625，化学纯，含量为 98％，无氮）。

混合催化剂（0.4g 硫酸铜，5 个结晶水（GB 665），6g 硫酸钾（HG3—920）或硫酸钠（HG3—908），均为化学纯，磨碎混匀）。

氢氧化钠（GB 629，化学纯，40％水溶液（M/V））。

硼酸（GB 628，化学纯，2％水溶液（M/V））。

混合指示剂（甲基红（HG3—958）0.1％乙醇溶液，溴甲酚绿（HG3—1220）0.5％乙醇溶液，两溶液等体积混合，在阴凉处保存期为三个月）。

盐酸标准溶液（邻苯二甲酸氢钾法标定，按 GB 601 制备）：0.1mol/L 盐酸（HCl）标准溶液（8.3ml 盐酸（GB 622），分析纯，注入 1000ml 蒸馏水中）；0.02mol/L 盐酸（HCl）标准溶液（1.67ml 盐酸（GB 622），分析纯，注入 1000ml 蒸馏水中）。

蔗糖（HG3—1001：分析纯）。

硫酸铵（GB 1396，分析纯，干燥）。

硼酸吸收液（1％硼酸水溶液 1000ml，加入 0.1％溴甲酚绿乙醇溶液 10ml，0.1％甲基红乙醇溶液 7ml，4％氢氧化钠水溶液 0.5ml，混合，置阴凉处保存期为一个月（全自动程序用））。

（2）仪器设备

实验室用样品粉碎机或研钵。

分样筛（孔径 0.45mm（40 目））。

分析天平（感量 0.0001g）。

消煮炉或电炉。

滴定管（酸式，10、25ml）。

凯氏烧瓶（250ml）。

凯氏蒸馏装置（常量直接蒸馏式或半微量水蒸气蒸馏式）。

锥形瓶（150、250ml）。

容量瓶（100ml）。

消煮管（250ml）。

定氮仪（以凯氏原理制造的各类型半自动，全自动蛋白质测定仪）。

（3）样品的选取和制备

选取具有代表性的样品用四分法缩减至 200g，粉碎后全部通过 40 目筛，装于密封容器中，防止样品成分的这化。

（4）分析步骤

①仲裁法

样品的消煮：称取样品 0.5～1g（含氮量 5～80mg）准确至 0.0002g，放入凯氏烧瓶中，加入 6.4g 混合催化剂，与样品混合均匀，再加入 12ml 硫酸和 2 粒玻璃珠，将凯氏烧瓶置于电炉上加热，开始小火，待样品焦化，泡沫消失后，再加强火力（360～410℃）直至呈透明的蓝绿色，然后再继续加热，至少 2h。

氨的蒸馏（蒸馏步骤的检验见 GB/T6432—94 附录 A）：

常量蒸馏法：将样品消煮液冷却，加入 60～100ml 蒸馏水．摇匀，冷却。将蒸馏装置的冷凝管末端浸入装有 25ml 硼酸吸收液和 2 滴混合指示剂的锥形瓶内。然后小心地向凯氏烧瓶中加入 50ml 氢氧化钠溶液，轻轻摇动凯氏烧瓶，使溶液混匀后再加热蒸馏，直至流出液体积为 100ml。降下锥形瓶，使冷凝管末端离开液面．继续蒸馏 1～2min，并用蒸馏水冲洗冷凝管末端，洗液均需流入锥形瓶内，然后停止蒸馏。

半微量蒸馏法：将样品消煮液冷却，加入 20ml 蒸馏水，转入 100ml 容量瓶中，冷却后用水稀释至刻度，摇匀，作为样品分解液。将半微量蒸馏装置的冷凝管末端浸入装有 20ml 硼酸吸收液和 2 滴混合指示剂的锥形瓶内。蒸汽发生器的水中应加入甲基红指示剂数滴，硫酸数滴，在蒸馏过程中保持此液为橙红色，否则需补加硫酸。准确移取样品分解液 10～20ml 注入蒸馏装置的反应室中，用少量蒸馏水冲洗进样入口，塞好入口玻璃塞，再加 10ml 氢氧化钠溶液，小心提起玻璃塞使之流入反应室，将玻璃塞塞好，且在入口处加水密封，防止漏气。蒸馏 4min 降下锥形瓶使冷凝管末端离开吸收液面，再蒸馏 1min，用蒸馏水冲洗冷凝管末端，洗液均流入锥形瓶内，然后停止蒸馏。

（注：上述两种蒸馏法测定结果相近．可任选一种。）

蒸馏步骤的检验：精确称取 0.2g 硫酸铵，代替样品，按常量蒸馏法或半微量蒸馏法步骤进行操作，测得硫酸铵含氮量为 21.19％±0.2％，否则应检查加碱、蒸馏和滴定各步骤是否正确。

滴定：用蒸馏法蒸馏后的吸收液立即用 0.1mol/L 或 0.02mol/L 盐酸标准溶液滴定，溶液由蓝绿色变成灰红色为终点。

②推荐法

样品的消煮：称取 0.5～1g 样品（含氮量 5～80mg）准确至 0.0002g，放入消化管中，加 2 片消化片（仪器自备）或 6.4g 混合催化剂，12ml 硫酸，于 420℃下在消煮炉上消化 1h。取出放凉后加入 30ml 蒸馏水。

氨的蒸馏：采用全自动定氮仪时，按仪器本身常量程序进行测定。采用半自动定氮仪时，将带消化液的管子插在蒸馏装置上，以 25ml 硼酸为吸收液，加入 2 滴混合指示剂，蒸馏装置的冷凝管末端要浸入装有吸收液的锥形瓶内，然后向消煮管中加入 50ml 氢氧化钠溶液进行蒸馏。蒸馏时间以吸收液体积达到 100ml 时为宜。降下锥形瓶．用蒸馏水冲洗冷凝管末端，洗液均需流入锥形瓶内。

滴定：用 0.1mol/L 的标准盐酸溶液滴定吸收液，溶液由蓝绿色变成灰红色为终点。

空白测定：称取蔗糖 0.5g，代替样品，按 6.2.4 进行空白测定，消耗 0.1mol/L 盐酸标准溶液的体积不得超过 0.2ml。消耗 0.02mol/L 盐酸标准溶液的体积不得超过 0.3ml。

（5）计算公式

$$CP（\%）=\frac{(V_2-V_1)\times C\times 0.0140\times 6.25}{m\times\frac{V'}{V}}\times 100$$

式中，CP——粗蛋白质含量，%；

V_2——滴定样品时所需标准酸溶液体积，ml；

V_1——滴定空白时所需标准酸溶液体积，ml；

C——盐酸标准溶液浓度，moL/l；

m——样品质量，g；

V——样品分解液总体积，ml；

V'——样品分解液蒸馏用体积，ml；

0.0140——每毫克当量氮的克数；

6.25——氮换算成蛋白质的平均系数。

允许差：每个样品取两个平行样进行测定，以其算术平均值为结果。当粗蛋白质含量在 25% 以上时，允许相对偏差为 1%；当粗蛋白质含量在 10%～25% 时，允许相对偏差为 2%；当粗蛋白质含量在 10% 以下时，允许相对偏差为 3%。

6.2 粗脂肪含量

在抽穗期或某个生育期采样，采用索氏浸提法，按照

BG/T6433—1994 饲料粗脂肪测定方法。以％表示，精确到 0.01％。

（1）试剂

无水乙醚（分析纯）

（2）仪器设备

实验室用样品粉碎机或研钵。

分样筛（孔径 0.45mm）。

分析天平（感量 0.0001g）。

电热恒温水浴锅（室温～100℃）。

恒温烘箱（50～200℃）。

索氏脂肪提取器（带球形冷凝管，100 或 150ml）。

索氏脂肪提取仪。

滤纸或滤纸筒（中速，脱脂）。

干燥器（用氯化钙或变色硅胶为干燥剂）。

（3）样品的制备

选取有代表性的样品，用四分法将样品缩减至 500g，粉碎至 40 目。再用四分法缩减至 200g，于密封容器中保存。

（4）分析步骤

仲裁法：使用索氏脂肪提取器测定。索氏提取器（6.3.2.6）应干燥无水。抽提瓶（内有沸石数粒）在 105± 2℃烘箱中烘干 60min，干燥器中冷却 30min，称重。再烘干 30min，同样冷却称重，两次重量之差小于 0.0008g 为恒重。称取样品 1～5g（准确至 0.0002g），于滤纸筒中，或用滤纸包好，放入 105℃烘箱中，烘干 120min（或称测水分后的干样品，折算成风干样重），滤纸筒应高于提取器虹吸管的高度，滤纸包长度应以可全部浸泡于乙醚中为准。将滤纸筒或包放入抽提管，在抽提瓶中加无水乙醚 60～100ml，在 60～75℃的水浴（用蒸馏水）上加热，使乙醚回流，控制乙醚回流次数为每小时约 10 次，共回流约 50 次或检查抽提管流出的乙醚挥发后不留下油迹为抽提终点。取出样品，仍用原提取器回收乙醚直至抽提瓶全部收完，取下抽提瓶，在水浴上蒸去残余乙醚。擦净瓶外壁。将抽提瓶放入 105±2℃烘箱中烘干 120min，干燥器中冷却 30min 称重，再烘干 30min，同样冷却称重，两次重量之差小于 0.001g 为恒重。

推荐法：使用脂肪提取仪测定。依各仪器操作说明书进行测定。

（5）计算公式

$$EE（\%）=\frac{m_2-m_1}{m}\times100$$

式中，EE——粗脂肪含量，%；

m——风干样品重量，g；

m_1——已恒重的抽提瓶重量，g；

m_2——已恒重的盛有脂肪的抽提瓶重量，g。

允许差：每个样品取两平行样进行测定，以其算术平均值为结果。粗脂肪含量在 10% 以上（含 10%）时，允许相对偏差为 3%；粗脂肪含量在 10% 以下时，允许相对偏差为 5%。

6.3 粗纤维素含量

在抽穗期或某个生育期采样。采用酸、碱分次水解法，按照 GB/T6434—1994 饲料中粗纤维测定方法。以% 表示，精确到 0.01%。

（1）试剂

本方法试剂使用分析纯，水为蒸馏水。标准溶液按 GB 601 制备。

硫酸（GB 625）溶液，0.128 ± 0.005mol/L。

氢氧化钠标准溶液标定（GB 601）。

氢氧化钠（GB 629）溶液，0.313 ± 0.005mol/L。

邻苯二甲酸氢钾法标定（GB 601）。

酸洗石棉（HG 3—1062）。

95％乙醇（GB 679）。

乙醚（HG 3—1002）。

正辛醇（防泡剂）。

（2）仪器设备

实验室用样品粉碎机。

分样筛（孔径 1mm（18 目））。

分析天平（感量 0.0001g）。

电加热器（电炉，可调节温度）。

电热恒温箱（烘箱，可控制温度在 130℃）。

高温炉（有高温计可控制温度在 500～600℃）。

消煮器（有冷凝球的 600ml 高型烧杯或有冷凝管的锥形瓶）。

抽滤装置（抽真空装置，吸滤瓶和漏斗，滤器使用 200 目不锈钢网或尼龙滤布）。

古氏坩埚（30ml，预先加入酸洗石棉悬浮液 30mL，内含酸洗石棉 0.2～0.3g，再抽干，以石棉厚度均匀，不透光为宜。上下铺两层玻璃纤维有助于过滤）。

干燥器（以氯化钙或变色硅胶为干燥剂）。

粗纤维测定仪器（国内外生产的符合本标准测定原理，且测定结果一致的仪器）。

（3）样品制备

将样品用四分法缩减至 200g，粉碎，全部通过 1mm 筛，放入密封容器。

（4）分析步骤

①仲裁法

称取 1～2g 样品，准确至 0.0002g，用乙醚脱脂（含脂肪小于 10％可不脱脂），放入消煮器，加浓度准确且已沸腾的硫酸溶液 200ml 和 1 滴正辛醇，立即加热，应使其在 2min 内沸腾，调整加热器，使溶液保持微沸，且连续微沸 30min，注意保持硫酸浓度不变。样品不应离开溶液沾到瓶壁上。随后抽滤，残渣用沸蒸馏水洗至中性后抽干。用浓度准确且已沸腾的氢氧化钠溶液将残渣转移至原容器中并加至 200ml，同样准确微沸 30min，立即在铺有石棉的古氏坩埚上过滤，先用 25ml 硫酸溶液洗涤，残渣无损失地转移到坩埚中，用沸蒸馏水洗至中性，再用 15ml 乙醇洗涤，抽干。将坩埚放入烘箱，于 130±2℃下烘干 2h，取出后在干燥器中冷却至室温，称重，再于 550±25℃高温炉中灼烧 30min，取出后于干燥器中冷却至室温后称重。

②推荐法

称 1～2g 样品（脱脂步骤同手工方法）于 G_2 玻璃沙漏斗中，用坩埚夹将漏斗插入热萃取器；从顶部加入预先煮沸的硫酸溶液 200ml 和两滴正辛醇，将加热旋扭开到最大位置，待溶液沸腾后，将旋扭调到合适位置. 使溶液保持微沸 30min，抽滤，用沸蒸馏水洗至中性，加入预先煮沸的氢氧化钠溶液 200ml，同样准确微沸 30min，抽滤，用沸蒸馏水洗至中性，将坩埚转移至冷萃取器，加入 25ml 95％乙醇，抽干，将漏斗转移到烘箱，于 130±2℃下烘干 2h，取出后在干燥器中冷却至室温，称重。再放入 500±25℃高温炉中灼烧 1h，干燥器中冷却至室温后称重。型号不同的仪器具体操作步骤见该仪器使用说明书。

（5）计算公式

$$CF（\%）=\frac{m_1-m_2}{m}\times100$$

式中，CF——粗纤维素含量，％；

$\quad\quad m_1$——130℃烘干后坩埚及样品残渣重，g；

$\quad\quad m_2$——550℃（或 500℃）灼烧后坩埚及样品残渣重，g；

$\quad\quad m$——试样（未脱脂）质量，g。

允许差：每个样品取两平行样进行测定，以算术平均值为结果。粗纤维素含量在 10％以下，绝对值相差 0.4；粗纤维素含量在 10％以上，相对偏差为 4％。

6.4　无氮浸出物含量

匍匐翦股颖样品中无氮浸出物含量的计算方法为：从 100％的干物质中减去水分、粗蛋白质、粗脂肪、粗纤维、粗灰分的百分含量之和。以％表示，精确到 0.01％。

6.5　粗灰分含量

在抽穗期或某个生育期采样。按照 GB/T6438—1992 饲料中粗灰分含量的测定方法。以％表示，精确到 0.01％。

（1）仪器与设备

实验室用样品粉碎机或研钵。

分样筛（孔径 0.45mm（40 目））。

分析天平（分度值 0.0001g）。

高温炉（有高温计且可控制炉温在 550±20℃）。

坩埚（瓷质，容积 50ml）。

干燥器（用氯化钙或变色硅胶作干燥剂）。

（2）样品的选取和制备

取具有代表性样品，粉碎至 40 目。用四分法缩减至 200g，装于密封容器。防止样品的成分变化或变质。

（3）测定步骤

将干净坩埚放入高温炉，在 550±20℃下灼烧 30min。取出，在空气中冷却约 1min，放入干燥器冷却 30min，称其质量。再重复灼烧，冷却、称量，直至两次质量之差小于 0.0005g 为恒质。在已恒质的坩埚中称取 2～5g 试料（灰分质量 0.05g 以上），准确至 0.0002g，在电炉上小心炭化，在炭化过程中，应将试料在较低温度状态加热灼烧至无烟，尔后升温灼烧至样品无炭粒，再放入高温炉，于 550±20℃下灼烧 3h。取出，在空气中冷却约 1min，放入干燥器中冷却至 30min，称取质量。再同样灼烧 1h，冷却，称量，直至两次质量之差小于 0.001g 为恒质。

（4）计算公式

$$ASH（\%）=\frac{m_2-m_0}{m_1-m_0}\times 100$$

式中，ASH——粗灰分含量，%；

$\qquad m_0$——为恒质空坩埚质量，g；

$\qquad m_1$——为坩埚加样品的质量，g；

m_2——为灰化后坩埚加灰分的质量，g。

允许差：每个样品应分两份进行测定，以其算术平均值为分析结果。粗灰分含量在 5% 以上，允许相对偏差为 1%；粗灰分含量在 5% 以下，允许相对偏差为 5%。

6.6 磷含量

在抽穗期或某个生育期采样。按照国家标准 GB/T6437—2002 饲料中总磷的测定分光光度法。以% 表示，精确到 0.01%。

（1）试剂

实验室用水应符合 GB/T6682 中三级水的规格。本标准中所用试剂。除特殊说明外，均为分析纯。

盐酸溶液（1+1）

硝酸

高氯酸

钒钼酸铵显色剂（称取偏钒酸铵 1.25g，加水 200ml 加热溶解，冷却后再加入 250ml 硝酸（6.8.1.2），另称取钼酸铵 25g，加水 400ml 加热溶解，在冷却的条件下，将两种溶液混合，用水定容至 1000ml，避光保存，若生成沉淀，则不能继续使用）；

磷标准液（将磷酸二氢钾在 105℃ 干燥 1h，在干燥器中冷却后称取 0.2195g 溶解于水，定量转入 1000ml 容量瓶中，加硝酸 3ml，用水稀释至刻度，摇匀。即为 $50\mu g/mL$ 的磷标准液）。

（2）仪器和设备

实验室用样品粉碎机或研钵。

分样筛（孔径 0.42mm（40 目））。

分析天平（感量 0.0001g）。

分光光度计（可在 400nm 下测定吸光度）。

比色皿（1cm）。

高温炉（可控温度在 550±20℃）。

瓷坩埚（50ml）。

容量瓶（50、100、1000ml）。

移液管（1.0、2.0、5.0、10.0ml）。

三角瓶（200ml）。

凯氏烧瓶（125、250ml）。

可调温电炉（1000W）。

（3）样品制备

取具有代表性样品 2Kg，用四分法缩分至 250g，粉碎过 0.42mm 孔筛，装入样品瓶中，密封保存备用。

（4）测定步骤

样品分解：

干法：称取样品 2～5g（精确至 0.0002g）于坩埚中，在电炉上小心炭化，再放入高温炉，于 550℃下灼烧 3h（或测定粗灰分含量后继续进行），取出冷却，加入 10ml 盐酸溶液和硝酸数滴，小心煮沸约 10min，冷却后转入 100ml 容量瓶中，用蒸馏水稀释至刻度，摇匀，为样品分解液。

湿法：称取样品 0.5～5g（精确至 0.0002g）于凯氏烧瓶中，加入硝酸 30ml，小心加热煮沸至黄烟逸尽，稍冷，加入高氯酸 10ml，继续加热至高氯酸冒白烟（不得蒸干），溶液基本无色，冷却，加水 30ml，加热煮沸，冷却后，用水转移入 100ml 容量瓶中，并稀释至刻度，摇匀，为样品分解液。

工作曲线的绘制：准确移取磷标准液 0.0、1.0、2.0、4.0、8.0、16.0ml 于 50ml 容量瓶中，各加钒钼酸铵显色剂 10ml，用水稀释到刻度，摇匀，常温下放置 10min 以上，以 0.0ml 溶液为参比，用 1cm 比色皿，在 400nm 波长下用分光光度计测各溶液的吸光度。以磷含量为横坐标，吸光度为纵坐标，绘制工作曲线。

样品的测定：准确移取样品分解液 1.0～10.0ml（含磷量 $50～750\mu g$）于 50ml 容量瓶中，加入钒钼酸铵显色剂 10ml，用水稀释到刻度，摇匀，常温下放置 10min 以上，用 1cm 比色皿在 400nm 波长下测定样品分解液的吸光度，在工作曲线上查得样品分解液的磷含量。

（5）计算公式

$$P（\%）=\frac{m_1 \times V}{m \times V_1 \times 10^6} \times 100 = \frac{m_1 \times V}{m \times V_1 \times 10^4}$$

式中，P——磷含量，%；

$\quad m_1$——由工作曲线查得样品分解液磷含量，μg；

$\quad V$——样品分解液的总体积，ml；

$\quad m$——样品的质量，g；

$\quad V_1$——样品测定时移取样品分解液体积，ml。

允许差：每个样品称取两个平行样进行测定，以其算术平均值为测定结果。含磷量 0.5% 以下，允许相对偏差 10%；含磷量 0.5% 以上，允许相对偏差 3%。

6.7 钙含量

在抽穗期或某个生育期采样。采用高锰酸钾法或乙二胺四乙酸二钠络合滴定法，按照国家标准 GB/T6436—2002 饲料中钙的测定，以% 表示，精确到 0.01%。

（1）高锰酸钾法（仲裁法）

①试剂和溶液

实验用水应符合 GB/T6682 中三级用水规格，使用试剂除特殊规定外均为分析纯。

硝酸。

高氯酸（70%～72%）。

盐酸溶液（1+3）。

硫酸溶液（1+3）。

氨水溶液（1+1）。

草酸铵水溶液（42g/L：称取 4.2g 草酸铵溶于 100ml 水中）。

高锰酸钾标准溶液（[c（1/5KMnO$_4$）＝0.05mol/L] 的配制按 GB/T601 规定）。

甲基红指示剂（1g/L：称取 0.1g 甲基红溶于 100ml 95% 乙醇中）。

②仪器和设备

实验室用样品粉碎机或研钵。

分析筛（孔径 0.42mm（40 目））。

分析天平（感量 0.0001g）。

高温炉（电加热，可控温度在 550±20℃）。

坩埚（瓷质）。

容量瓶（100ml）。

滴定管（酸式，25ml 或 50ml）。

玻璃漏斗（直径 6cm）。

定量滤纸（中速，7～9cm）。

移液管（10.20ml）。

烧杯（200ml）。

凯氏烧瓶（250ml 或 500ml）。

③样品备制

取具有代表性样品至少 2Kg，用四分法缩减至 250g，粉碎过 0.42mm 孔筛，混匀，装入样品瓶中，密闭，保存备用。

④测定步骤

样品分解：

干法：称取样品 2～5g 于坩埚中，精确到 0.0002g，在电炉上小心炭化，再放入高温炉于 550℃下灼烧 3h（或测定粗灰分含量后连续进行），在盛灰坩埚中加入盐酸溶液 10ml 和浓硝酸数滴，小心煮沸，将此溶液转入 100ml 容量瓶中，冷却至室温，用蒸馏水稀释至刻度，摇匀，为样品分解液。

湿法：称取样品 2～5g 于 250ml 凯氏烧瓶中，精确到 0.0002g，加入硝酸 10ml，加热煮沸，至二氧化氮黄烟逸尽，冷却后加入高氯酸 10ml，小心煮沸至溶液无色，不得蒸干（危险），冷却后加蒸馏水 50ml，且煮沸驱逐二氧化氮，冷却后移入 100ml 容量瓶中，用蒸馏水稀释至刻度，摇匀，为样品分解液。

样品的测定：准确移取样品液 10～20ml（含钙量 20mg 左右）于 200ml 烧杯中，加蒸馏水 100ml，甲基红指示剂 2 滴，滴加氨水溶液至溶液呈橙色，若滴加过量，可加盐酸溶液调至橙色，再多加 2 滴使其呈粉红色（pH2.5～3.0），小心煮沸，慢慢滴加热草酸铵溶液 10ml，且不断搅拌，如溶液变橙色，则应加补盐酸溶液使其呈红色，煮沸数分钟，放置过夜使沉淀陈化（或在水浴上加热 2h）。用定量滤纸过滤，1＋50 的氨水溶液洗沉淀 6～8 次，至无草酸根离子（接滤液数毫升加硫酸溶液数滴，加热至 80℃，再加高锰酸钾溶液 1 滴，呈微红色，且半分钟不褪色）。将沉淀和滤纸转入原烧杯中，加硫酸溶液 10ml，蒸馏水 50ml，加热至 75～80℃，用高锰酸钾标准溶液滴定，溶液呈粉红色，且半分钟不退色为终点。同时进行空白溶液的测定。

⑤计算公式

$$Ca（\%）=\frac{(V-V_0)\times c\times 0.02}{m\times\frac{V'}{100}}\times 100=\frac{(V-V_0)\times c\times 200}{m\times V'}$$

式中，Ca——钙含量，%；

V——样品消耗高锰酸钾标准溶液的体积，ml；

V_0——空白消耗高锰酸钾标准溶液的体积，ml；

c——高锰酸钾标准溶液的浓度，mol/L；

V'——滴定时移取样品分解液体积，ml；

m——样品质量，g；

0.02——与 100ml 高锰酸钾标准溶液［c（1/5 KMnO$_4$）＝1.000mol/L］相当的以克表示的钙的质量。

允许差：每个样品取两个平行样进行测定，以其算术平均值为结果。含钙量 10% 以上，允许相对偏差 2%；含钙量在 5%～10% 时，允许相对偏差 3%；含钙量 1%～5% 时，允许相对偏差 5%；含钙量 1% 以下，允许相对偏差 10%。

（2）乙二胺四乙酸二钠络合滴定法

用乙二胺四乙酸二钠标准溶液络合滴定钙，可快速测定钙的含量。

①试剂和溶液

试验用水应符合 GB/T6682 中三级用水规格，使用试剂除特殊规定外均为分析纯。

盐酸羟胺。

三乙醇胺。

乙二胺。

盐酸水溶液（1+3）。

氢氧化钾溶液（200g/L：称取 20g 氢氧化钾溶于 100mL 水中）。

淀粉溶液（10g/L：称取 1g 可溶性淀粉入 200ml 烧杯中，加 5ml 水润湿，加 95ml。沸水搅拌，煮沸，冷却备用（现用现配））。

孔雀石绿水溶液（1g/L）。

钙黄绿素甲基百里香草酚蓝指示剂：0.10g 钙黄绿素与 0.10g 甲基麝香草酚蓝与 0.03g 百里香酚酞、5g 氯化钾研细混匀，贮存于磨口瓶中备用。

钙标准溶液（0.0010g/ml）：称取 2.4974g 于 105℃～110℃干燥 3h 的基准物碳酸钙，溶于 40ml 盐酸中，加热赶除二氧化碳，冷却，用水移至 1000ml 容量瓶中，稀释至刻度。

乙二胺四乙酸二钠（EDTA）标准滴定溶液：称取 3.8g EDTA 入 200ml 烧杯中，加 200ml 水，加热溶解冷却后转至 1000ml 容量瓶中，用水稀释至刻度；EDTA 标准滴定溶液的标定（准确吸取钙标准溶液 10.0ml 按样品测定法进行滴定）；EDTA 滴定溶液对钙的滴定度按下式计算：

$$T=\frac{\rho\times V}{V_0}$$

式中，T——EDTA 标准滴定溶液对钙的滴定度，
g/ml；

　　　ρ——钙标准溶液的质量浓度，g/ml；

　　　V——所取钙标准溶液的体积，ml；

　　　V_0——EDTA 标准滴定溶液的消耗体积，ml。

所得结果应表示至 0.0001g/ml。

②仪器和设备

同高锰酸钾法。

③测定步骤

样品分解：同高锰酸钾法。

测定：准确移取样品分解液 5～25ml（含钙量 2～25mg）。加水 50ml，加淀粉溶液 10ml、三乙醇胺 2ml、乙二胺 1ml、1 滴孔雀石绿，滴加氢氧化钾溶液至无色，再过量 10ml，加 0.1g 盐酸羟胺（每加一种试剂都须摇匀），加钙黄绿素少许，在黑色背景下立即用 EDTA 标准滴定溶液滴定至绿色荧光消失呈现紫红色为滴定终点。同时做空白实验。

④计算公式

$$Ca（\%）=\frac{T\times V_2}{m\times\dfrac{V_1}{V_0}}\times100=\frac{T\times V_2\times V_0}{m\times V_1}\times100$$

式中，Ca——钙含量，%；

　　　T——EDTA 标准滴定溶液对钙的滴定度，
g/ml；

V_0——样品分解液的总体积，ml；

V_1——取样品分解液的体积，ml；

V_2——样品实际消耗 EDTA 标准滴定溶液的体积，ml；

M——样品的质量，g。

允许差：每个样品取两个平行样进行测定，以其算术平均值为结果。含钙量 10% 以上，允许相对偏差 2%；含钙量在 5%～10% 时，允许相对偏差 3%；含钙量 1%～5% 时，允许相对偏差 5%；含钙量 1% 以下，允许相对偏差 10%。

6.8 氨基酸含量

在抽穗期或某个生育期采样。测定方法按照 GB/T18246—2000 饲料中氨基酸的测定。以% 表示，精确到 0.01%。

用氨基酸自动分析仪可以测出 18 种氨基酸的含量，即天门冬氨酸、苏氨酸、丝氨酸、谷氨酸、脯氨酸、甘氨酸、丙氨酸、缬氨酸、胱氨酸、蛋氨酸、异亮氨酸、亮氨酸、酪氨酸、苯丙氨酸、赖氨酸、组氨酸、精氨酸和色氨酸。其中前 17 种氨基酸可以同时测出，色氨酸需要单独测定。

（1）前 17 种氨基酸的测定方法

①仪器和设备

氨基酸自动分析仪（茚三酮柱后衍生离子交换色谱仪，要求各氨基酸的分辨率大于 90%）。

实验室用样品粉碎机。

样品筛（孔径 0.25mm）。

分析天平（感量 0.0001g）。

真空泵与真空规。

喷灯或熔焊机。

恒温箱或水解炉。

旋转蒸发器或浓缩器（可在室温至 65℃ 间调温，控温精度 ±1℃，真空度可低至 3.3×10^3 Pa（25mm 汞柱））。

②试剂和材料

除特别注明者外，所有试剂均为分析纯，水为去离子水，电导率小于 1S/m。

酸水解法：

常规水解：

酸解剂——盐酸溶液，c（HCl）＝6mol/L：将优级纯盐酸与水等体积混合。

液氮或干冰—乙醇（丙酮）。

稀释上机用柠檬酸钠缓冲液，pH2.2，c（Na$^+$）＝0.2mol/L：称取柠檬酸三钠 19.6g，用水溶解后加入优级纯盐酸 16.5ml，硫二甘醇 5.0ml，苯酚 1g，加水定容至 1000ml，摇匀，用 G4 垂熔玻璃砂芯漏斗过滤，备用。

不同 pH 和离子强度的洗脱用柠檬酸钠缓冲液（按仪器说明书配制）。

茚三酮溶液（按仪器说明书配制）。

氨基酸混合标准储备液（含 L-天门冬氨酸、L-苏氨酸等 17 种常规蛋白水解液分析用层析纯氨基酸，各组分浓度 c（氨基酸）＝2.50（或 2.00）μmol/ml）。

混合氨基酸标准工作液（吸取一定量的氨基酸混合标准储备液置于 50ml 容量瓶中，以稀释上机用柠檬酸钠缓冲液定容，混匀，使各氨基酸组分浓度 c（氨基酸）＝100nmol/ml）。

氧化水解：按 GB/T15399—1994 中 7.1 氧化水解步骤操作。

碱水解法：

碱解剂——氢氧化锂溶液 c（LiOH）＝4mol/L：称取一水合氢氧化锂 167.8g，用水溶解并稀释至 1000ml，使用前取适量超声或通氮脱气。

液氮或干冰-乙醇（丙酮）。

盐酸溶液，c（HCl）＝6mol/L：将优级纯盐酸与水等体积混合。

稀释上机用柠檬酸钠缓冲液，pH4.3，c（Na^+）＝0.2mol/L：称取柠檬酸三钠 14.71g、氰化钠 2.92g 和柠檬酸 10.50g，溶于 500ml 水，加入硫二甘醇 5ml 和辛酸 0.1ml，最后定容至 1000ml。

不同 pH 和离子强度的洗脱用柠檬酸钠缓冲液与茚三酮溶液（按仪器说明书配制）。

L-色氨酸标准储备液：准确称取层析纯 L-色氨酸 102.0mg，加少许水和数滴 0.1mol/L 氢氧化钠，使之溶解，定量地转移至 100ml 容量瓶中，加水至刻度。c（色氨酸）＝5.00μmol/ml。

氨基酸混合标准储备液：含 L-天门冬氨酸、L-苏氨酸等 17 种常规蛋白水解液分析用层析纯氨基酸，各组分浓度 c（氨基酸）＝2.50（或 2.00）μmol/ml。

混合氨基酸标准工作液：准确吸取 2.00ml L-色氨酸标准储备液和适量的氨基酸混合标准储备液，置于 50ml 容量瓶中并用 pH4.3 稀释上机用柠檬酸钠缓冲液定容。该液色氨酸浓度为 200nmol/ml，而其他氨基酸浓度为 100nmol/ml。

酸提取法：

提取剂——盐酸溶液，c（HCl）＝0.1mol/L：取8.3ml优级纯盐酸，用水定容至1000ml，混匀。

不同pH和离子强度的洗脱用柠檬酸钠缓冲液（按仪器说明书配制）。

茚三酮溶液（按仪器说明书配制）。

蛋氨酸、赖氨酸和苏氨酸标准储备液：于三只100ml烧杯中，分别称取蛋氨酸93.3mg、赖氨酸盐酸盐114.2mg和苏氨酸74.4mg，加水约50ml和数滴盐酸溶解，定量地转移至各自的250ml容量瓶中，并用水定容。该液各氨基酸浓度c（氨基酸）＝2.50μmol/ml。

混合氨基酸标准工作液：分别吸取蛋氨酸、赖氨酸和苏氨酸标准储备液各1.00ml于同一25ml容量瓶中，用水稀释至刻度。该液各氨基酸的浓度c（氨基酸）＝100 nmol/ml。

样品：取具有代表性样品，用四分法缩减分取25g左右，粉碎并过0.25mm孔径（60目）筛，充分混匀后装入磨口瓶中备用。

酸水解样品按GB/T6432测定蛋白质含量。

碱水解样品按GB/T6433测定粗脂肪含量。

对于粗脂肪含量大于、等于5％的样品，需将脱脂后的样品风干、混匀，装入密闭容器中备用。而对粗脂肪小于5％的样品，则可直接秤用未脱脂样品。

③分析步骤

样品前处理：

酸水解法：

常规水解法：称取含蛋白 7.5～25mg 的试样（约 50～100mg，准确至 0.1mg）于 20mL 安瓿中，加 10.00ml 酸解剂，置液氮或干冰（丙酮）中冷冻，然后，抽真空至 7Pa（≤5×10^{-2}mm 汞柱）后封口。将水解管放在 110±1℃恒温干燥箱中，水解 22～24h。冷却，混匀，开管，过滤，用移液管吸取适量的滤液，置旋转蒸发器或浓缩器中，60℃，抽真空，蒸发至干，必要时，加少许水，重复蒸干 1～2 次。加入 3～5ml pH2.2 稀释上机用柠檬酸钠缓冲液，使样液中氨基酸浓度达 50～250nmol/ml，摇匀，过滤或离心。取上清液上机测定。

氧化水解法：按 GB/T15399—1994 中 7.1 规定操作。

碱水解法：称取 50～100mg 的饲料试样（准确至 0.1mg），置于聚四氟乙烯衬管中，加 1.50ml 碱解剂，于液氮或干冰乙醇（丙酮）中冷冻，而后将衬管插入水解玻管，抽真空至 7Pa（≤5×10^{-2}mm 汞柱），或充氮（至少 5min），封管。然后，将水解管放入 110±1℃恒温干燥箱，水解 20h。取出水解管，冷至室温，开管，用稀释上机用柠檬酸钠缓冲液将水解液定量地转移到 10ml 或 25ml 容量瓶中，加入盐酸溶液约 1.00ml 中和，并用上述缓冲液定容。离心或用 0.45μm 滤膜过滤后，取清液贮于冰箱中，供上机测定使用。

酸提取法：称取 1～2g 饲料试样（蛋氨酸含量≤4mg，赖氨酸可略高），加 0.1mol/L 盐酸提取剂 30ml，搅拌提取 15min，沉放片刻，将上清液过滤到 100ml 容量瓶中，残渣加水 25ml，搅拌 3min，重复提取两次，再将上清液过滤到上述容量瓶中，用水冲洗提取瓶和滤纸上的残渣，并定容。

摇匀，清液供上机测定。若试样提取过程中，过滤太慢，也可离心 10min（4000r/min）。

测定：用相应的混合氨基酸标准工作液按仪器说明书，调整仪器操作参数和（或）洗脱用柠檬酸钠缓冲液的 pH，使各氨基酸分解率≥85％，注入制备好的试样水解液和相应的氨基酸混合标准工作液，进行分析测定。酸解液每 10 个单样为一组，碱解液和酸提取液每 6 个单样为一组，组间插入混合氨基酸标准工作液进行校准。

④计算公式

分别用式（1）和式（2）计算氨基酸在试样中的质量百分比。

$$\omega_{1i}\ (\%)=\frac{A_{1i}}{m}\times10^{-6}\times D\times100 \qquad (1)$$

$$\omega_2\ (\%)=\frac{A_2}{m}\times\ (1-F)\ \times10^{-6}\times D\times100 \qquad (2)$$

式中，ω_{1i}——用未脱脂试样测定的某氨基酸的含量，％；

ω_2——用脱脂试样测定的某氨基酸的含量，％；

A_{1i}——每毫升上机水解液中氨基酸的含量，ng；

A_2——每毫升上机液中色氨酸的含量，ng；

m——试样质量，mg；

D——试样稀释倍数；

F——样品中的脂肪含量（％）。

允许差：以两个平行试样测定结果的算术平均值报告结果。对于酸解或酸提取液测定的氨基酸，当含量小于或等于 0.5％时，两个平行试样测定值的相对偏差不大于

5％；含量大于 0.5％时，相对偏差不大于 4％。对于色氨酸，当含量小于 0.2％时，两个平行试样测定值相对偏差不大于 0.03％；含量大于等于 0.2％时，相对偏差不大于 5％。

（2）色氨酸的测定方法

采用反相高效液色谱相（RP－HPLC）法，所用仪器、缓冲液和测定条件与上述方法稍有不同，做如下变换：

反相液相色谱仪：具适当内径、长度和柱材粒度的 C18 柱、紫外（UV）或荧光检测仪。

流动相：乙酸钠缓冲液 $[c（Na^+）＝0.0085mol/L$ 的乙酸钠溶液用乙酸调节 pH 至4.0,用 $0.45\mu m$ 的滤膜过滤] ＋甲醇＝95＋5。

测定：

条件：柱温为室温；流动相流速为 1.5ml/min；

检测：紫外检测波长为 280nm；

荧光检测：激发波长为 283nm；发射波长为 343nm；

进样量：$15\mu L$。

其他所用设备及试剂、样品前处理等均同上述 17 种氨基酸的测定方法。先从混合氨基酸标准工作液开始分析，每 6 个水解液为一组，组间插入氨基酸标准工作液进行校准。结果计算和允许差同上。

6.9　水分含量

在抽穗期或某个生育期采样。按照 GB/T6435—1986 饲料水分的测定方法。以％表示，精确到 0.01％。

（1）仪器设备

实验室用样品粉碎机或研钵；

分样筛（孔径 0.45mm（40 目））；

分析天平（感量为 0.0001g）；

电热式恒温烘箱（可控制温度为 105±2℃）；

称样皿（玻璃或铝质，直径 40mm 以上，高 25mm 以下）；

干燥器（用氯化钙（干燥试剂）或变色硅胶作干燥剂）。

（2）样品的选取和制备

选取有代表性的样品，其原始样量应在 1000g 以上。用四分法将原始样品缩至 500g，风干后粉碎至 40 目，再用四分法缩至 200g，装入密封容器，放阴凉干燥处保存。如样品是多汁的鲜样，或无法粉碎时，应预先干燥处理，称取样品 200～300g，在 105℃ 烘箱中烘 15min，立即降至 65℃，烘干 5～6h。取出后，在室内空气中冷却 4h，称重，即得风干样品。如果按此步骤进行过预干处理，应按下式计算原来样品中所含水分总量：

原样品总水分（％）＝预干燥减重（％）＋［100－预干燥减重（％）］×风干样品水分（％）

（3）测定步骤

洁净称样皿，在 105±2℃ 烘箱中烘 1h，取出，在干燥器中冷却 30min，称准至 0.0002g，再烘干 30min，同样冷却，称重，直至两次重量之差小于 0.0005g 为恒重。用已恒重称样皿称取两份平行样品，每份 2～5g（含水重 0.1g 以上，样品厚度 4mm 以下）。准确至 0.0002g，不盖称样皿盖，在 105±2℃ 烘箱中烘 3h（以温度到达 105℃ 开始计时），取出，盖好称样皿盖，在干燥器中冷却 30min，称重。再同样烘干 1h，冷却，称重，直至两次称重之重量差小于

0.002g。

（4）计算公式

$$W（\%）=\frac{W_1-W_2}{W_1-W_0}\times100$$

式中，W——水分含量，$\%$；

W_1——105℃烘干前样品及称样皿重，g；

W_2——105℃烘干后样品及称样皿重，g；

W_0——已恒重的称样皿重，g。

允许差：每个样品应取两个平行样进行测定，以其算术平均值为结果。两个平行样测定值相差不得小于 0.2%，否则重做。

6.10 适口性

指牲畜对匍匐翦股颖的嗜食程度。根据采食状况和下列说明，确定匍匐翦股颖适口性等级。

1 嗜食（特别喜食，在任何情况下，家畜都挑选采食，表现很贪食，适口性属优等）

2 喜食（一般情况下家畜都吃，但不专门从草丛中挑选，适口性良好）

3 乐食（家畜经常采食，但不像前2类那样贪食喜爱，适口性中等）

4 采食（可以吃，但不太喜食，适口性中下等）

5 少食（不愿采食，一般情况很少采食，适口性下等）

6 不食（不采食，适口性劣等）

6.11 草坪密度

采用 10cm×10cm 样方，在样地上随机取样，测定样方内的草坪植株个体（一般是指分蘖枝条）数量，重复 10 次。

密度指标共分 5 级。

    1 致密（每 100cm^2 枝条数＞350 个）

    2 较密（每 100cm^2 枝条数＞250～350 个）

    3 一般（每 100cm^2 枝条数＞150～250 个）

    4 稀疏（每 100cm^2 枝条数＞50～150 个）

    5 很稀疏（每 100cm^2 枝条数＜50 个）

6.12 草坪质地

采用直接测量方法，测定叶片最宽处的宽度，样本数 30 个，计算平均值。分为 5 个等级。

    1 优（平均值小于 3mm）

    2 良好（平均值 3～4mm）

    3 一般（平均值 4～5mm）

    4 较差（平均值 5～6mm）

    5 极差（平均值大于 6mm）

6.13 草坪色泽

应用草坪比色卡法，把草坪色泽由浅绿到深绿分为 5 个等级。

    1 墨绿

    2 深绿

    3 绿

    4 浅绿

    5 黄绿

6.14 草坪均一性

采用目测估计法对草坪密度、颜色、质地、整齐性等差异程度进行估计，分为 5 个等级。

    1 很均匀

2　较均匀

3　均匀

4　不均匀

5　极不均匀

6.15　绿色期

采用目测估计法，在正常养护管理条件下测定从 80% 的植株返青变绿到 80% 的植物枯黄持续的天数。单位为 d，精确到整数位。

6.16　草坪盖度

在 1m×1m 的样方内用铁丝编成 100 个 10cm×10cm 的方格网，按照植物冠层投影占有的方格数计算盖度。重复 10 次。用"%"表示。

6.17　耐践踏性

选择体重 75kg 的成人在试验样地上连续蹦跳践踏 1h。24h 后，在样地上应用 10cm×10cm 样方随机取样，测定样方内的草坪直立植株的百分比，重复 10 次。分为 5 个等级。

1　优（大于 90%）

2　良好（80%～90%）

3　一般（70%～80%）

4　较差（60%～70%）

5　极差（小于 60%）

6.18　草坪弹性

采用国际足联联盟（FIFA）充气为 0.75kg/cm² 的标准比赛用球，让其从 3m 高处自由下落，测定回弹的高度，进行草坪弹性评价。分为 5 个等级。

1　优（大于 0.9m）

2　良好（0.8～0.9m）

3　一般（0.7～0.8m）

4　较差（0.6～0.7m）

5　极差（小于0.6m）

6.19　成坪速度

从播种到成坪经历的时间，单位为d，精确到整位数。

7　抗逆性

7.1　抗旱性（参考方法）

匍匐翦股颖忍耐或抵抗干旱的能力。匍匐翦股颖种质材料抗旱性采用田间目测法和苗期鉴定法。

（1）田间目测法

每个观察材料要设3次重复，在自然干旱或人工干旱条件下观察匍匐翦股颖的抗旱表现。目测法估计干旱发生的程度，一般可分为五级。

1　强（干旱期间无旱灾征象，自然生长正常者。为5分）

2　较强（植株上个别叶子发生轻度的萎蔫。为4分）

3　中等（大部分植株的茎叶呈现萎蔫状态并有黄叶黄尖现象，但并未停止生长者。为3分）

4　弱（大部分植株呈现萎蔫状态，停止生长，并有少量植株死亡者。为2分）

5　最弱（全部植株萎蔫，小区内有30%以上植株死亡，为1分）

（2）苗期鉴定法—复水法

①将匍匐翦股颖种子播于装有15cm厚的中等肥力壤土

（即单产在 200kg/亩左右）的塑料箱（60cm×40cm×20cm）内。每个处理三次重复，每个重复 50 株苗（行距 6cm，株距 5cm），覆土 2cm，灌水至田间持水量的 85％±5％。在 20℃±5℃的温室条件下，每天日照 12h。

②第一次干旱胁迫—复水处理

幼苗长至三叶时停止供水，开始进行干旱胁迫。当土壤含水量降至田间持水量的 20％～15％时复水，使土壤水分达到田间持水量的 80％±5％。复水 120h 后调查存活苗数，以叶片变成鲜绿色者为存活。

③第二次干旱胁迫—复水处理

第一次复水后即停止供水，进行第二次干旱胁迫。当土壤含水量降至田间持水量的 20％～15％时，第二次复水，使土壤水分达到田间持水量的 80％±5％。120h 后调查存活苗数，以叶片变成鲜绿色者为存活。

④幼苗干旱存活率的实测值

计算公式：

$$DS = \frac{DS_1 + DS_2}{2}$$

$$= \left(\frac{XDS_1}{XTT} \times 100 + \frac{XDS_2}{XTT} \times 100 \right) \times \frac{1}{2}$$

式中，DS——干旱存活率的实测值；

DS_1——第一次干旱存活率；

DS_2——第二次干旱存活率；

XTT——第一次干旱前三次重复总苗数的平均值；

XDS_1——第一次复水后三次重复存活苗数的平均值；

XDS_2——第二次复水后三次重复存活苗数的平均值。

⑤苗期抗旱性判定规则

根据反复干旱下苗期干旱存活率将匍匐翦股颖种质材料抗旱性分为 5 级。分级标准如下：

1　极强（HR）（干旱存活率≥70.0%）

2　强（R）（干旱存活率 60.0%～69.9%）

3　中等（MR）（干旱存活率 50.0%～59.9%）

4　弱（S）（干旱存活率 40.0%～49.9%）

5　极弱（HS）（干旱存活率≤39.9%）

7.2　抗寒性（参考方法）

匍匐翦股颖忍受或抵抗低温危害的性能。匍匐翦股颖抗寒性鉴定的方法和指标可采用田间目测法、盆栽幼苗冷冻法和电导法。

（1）田间目测法

在初冬及早春季节调查植株冻害及越冬率。实验小区面积至少 20m²，采用目测法调查植株的越冬率。每个观察材料设 3 次重复（3 个小区），各小区采用 5 点取样法，每点随机取 30 株，计算越冬率。根据植株越冬率，将抗寒性分为 5 级，分级标准如下：

1　强（越冬率大于 90%，为 5 分）

2　较强（越冬率在 75%～90%，为 4 分）

3　中等（越冬率在 50%～74%，为 3 分）

4　弱（越冬率在 30%～49%，为 2 分）

5　最弱（越冬率小于 30%，为 1 分）

（2）盆栽幼苗冷冻法

将种子播在装有草炭和蛭石（3∶1）的育苗盘内，育苗盘大小为 32cm×45cm×15cm，每份种质材料设 3 次重复，每个重复 20～30 株苗，株距 2.5cm，行距 6cm。置于人工气候室内育苗。出苗前温度 25℃，出苗后温度为白天 25～28℃，晚间 15～20℃，每天光照 16h，正常浇水。幼苗生长到 3～4 叶期或分蘖期时，置于 5～15℃，低温条件下胁迫 7～10d。观察幼苗的冷害症状，比较不同材料在冷害处理后的植株的存活率，以此评价不同材料的抗寒性。根据植株的存活率，将抗寒性分为 5 级：

1 强（存活率在 81% 以上，为 5 分）

2 较强（存活率在 61%～80%，为 4 分）

3 中等（存活率在 41%～60%，为 3 分）

4 弱（存活率在 20%～40%，为 2 分）

5 最弱（存活率在 20% 以下，为 1 分）

（3）电导法

植株组织逐步受到零下低温胁迫后，细胞质膜受害逐步加重，透性发生变化，细胞内含物外渗，使浸提液电导率增高。活组织受害越重，离子外渗量越大，电导率也越高，表明植株抗寒性越弱，反之，越强。

①幼苗培养——采用沙基培养。试验种子用 5% 的 NaCl 消毒，播种在塑料培养筛（35cm×25cm×15cm，下有排水孔）中，播种深度 2cm，喷适度的自来水，移入培养箱中，出苗后改用 Hong-land 营养液培养。生长箱内昼夜温度为 22/18±1℃，相对湿度为 70%±10%，光强为 8000～85 000lx，光期 12h。

②低温处理——待幼苗长出 6～7 片叶后，采取整株幼

苗 1~2g，用自来水冲洗 3 次，用滤纸吸干水分，放入冰箱，在 5℃下放置 2h。对每种鉴定材料在生长箱进行不同温度（−5℃，−10℃，−15℃，−20℃，−25℃，−32℃）和不同时间（1、2、3、4、5h）处理，至少 6 次重复。采用控温仪器监控温度，温度波动范围±1℃。低温处理后的幼苗再冻 1h 后，进细胞膜相对透性的测定。低温处理的材料，也可采取 90d 苗龄，同龄，同位、同色的叶片做试验处理。

③相对电导率及拐点温度指标测定——将低温处理的幼苗用无离子水冲洗 3 次，放入试管中，每管装上 5ml 无离子水，用玻璃棒压住，真空抽气 15min，震荡 10min，1h 后测定初电导率。细胞膜透性变化用相对电导率表示：

$$K = \frac{K_0}{K_1} \times 100$$

式中，K——相对电导率，%；

　　　K_0——初电导率；

　　　K_1——煮沸电导率。

根据测得的相对电导率，配以 Logistic 方程，$Y = \dfrac{K}{1+e^{-bx}}$ 计算出拐点温度，即组织半致死（LT_{50}），表示植物的抗寒力。

7.3　耐热性

匍匐翦股颖忍受或抵抗高温危害的性能。匍匐翦股颖耐热性鉴定的方法和指标可采用田间目测法和盆栽法。

目测法

在自然条件下最炎热的季节之后调查植株越夏存活率。试验小区面积 8～15m²，并记载小区栽培管理状况。用目测法调查植株越夏存活率，每个观察材料设 3 次重复（3 个小区），采用 5 点取样法，每点随机取 20～30 株，统计植株的越夏率。根据越夏率，将植株的耐热性分为 5 级，分级标准如下：

1　强（越夏存活率大于 91%，为 5 分）

2　较强（越夏存活率在 76%～90%，为 4 分）

3　中等（越夏存活率 51%～75%，为 3 分）

4　较弱（越夏存活率 30%～50%，为 2 分）

5　最弱（越夏存活率小于 30%，为 1 分）

盆栽法

采用苗期盆栽耐热性鉴定。将种子播在装有草炭和蛭石（3∶1）的育苗盘内，育苗盘大小约为 32cm×45cm×15cm，每份种质材料设 3 次重复，每个重复 20～30 株苗，株距 2.5cm，行距 6cm。置于人工气候室内育苗。出苗前温度 25℃，出苗后温度为白天 25～28℃，晚间 15～20℃，每天光照 16h，定期浇水。幼苗生长到 3～4 叶期或分蘖期时，进行高温处理，温度设为 35～40℃，处理到部分鉴定材料出现整株叶片呈现萎蔫枯死时停止处理，处理期间正常浇水。热胁迫结束后，调查幼苗的热害症状，根据热害症状，将鉴定种质材料的抗热性分为 5 级：

1　强（无热害症状或 10% 以下的叶变黄，为 5 分）

2　较强（热害症状不明显，10%～30% 的叶片变黄，为 4 分）

3　中等（热害症状较为明显，30%～60% 的叶片变黄，

为 3 分)

4 较弱(热害症状极为明显,60%以上叶片变黄,少数叶片萎蔫枯死,为 2 分)

5 最弱(热害症状极为严重,整株叶片萎蔫枯死,为 1 分)

7.4 耐盐性(参考方法)

匍匐翦股颖忍耐或抵抗土壤盐分的能力。采用苗期耐盐性鉴定法。

(1)播种及育苗

取大田土壤(非盐碱地)过筛,用无孔塑料花盆(12.5cm×12cm×15.5cm),每盆装大田土 1.5kg,装土时,取样测定土壤中含盐及含水量。每盆播种 20~30 粒种子,出苗后间苗,2 叶期之前定苗,每盆保留生长健壮整齐一致的幼苗 10 株。

(2)盐处理

按照土壤干重的百分比加化学纯 NaCl 进行盐处理,处理浓度依次为 0(CK)、0.4%、0.6%、0.8%、1.0%NaCl(分析纯),将盐溶解在一定量的自来水中,使盐处理后的土壤含水率为最大持水量的 70%,加等量的自来水作对照,重复 3 次,即每个处理 3 个盆。盐处理后及时补充所蒸发的水分,使土壤含水量保持不变。

(3)耐盐性评价鉴定

盐处理 30d 时结束试验,调查各处理的存活苗数,以相对于对照的百分率表示。根据耐盐性级别标准(参考 Díaz de LeónJ 等的方法制定)对参试匍匐翦股颖种质资源的耐盐性进行鉴定与评价(表 1)。

表 1　匍匐翦股颖苗期耐盐性评价标准

浓度	存活率（%）				
	5 分	4 分	3 分	2 分	1 分
0.4%	>90.0	90～65	64.9～35	34.9～20	<20
0.6%	>75.0	75～50	49.9～25	24.9～15	<15
0.8%	>55.0	55～35	34.9～15	14.9～5	<5
1.0%	>35.0	35～20	19.9～5	4.9～3	<3

根据匍匐翦股颖在不同盐浓度下得分的总和，可将匍匐翦股颖种质材料的耐盐性分为 5 级：

1　强（总得分>16）

2　较强（总得分 13～16）

3　中等（总得分 9～12）

4　弱（总得分 5～8）

5　最弱（总得分<5）

8　抗病性

8.1　钱斑病（*Sclerotinia homoeocarpa* F. T. Bennet）

采用田间调查法。在钱斑病发生较严重的季节调查匍匐翦股颖草地病斑面积。同时记载，寄主的生育期及气候条件（温度和湿度）。采用随机取样法，每个观察材料选取 20 个点，每点取样面积为 0.25m² （0.5m×0.5m），进行病害等级的评价，病级分级标准如下：

病级　病情

0　　样方内没有病斑

1　　病斑面积占样方面积的 10% 以下

2　　病斑面积占样方面积的 10%～20%

3　　病斑面积占样方面积的 21%～30%

4　　　　　病斑面积占样方面积的 30% 以上

病情指数计算公式为：

$$DI = \frac{\sum (n_i \times S_i)}{4 \times N} \times 100$$

式中，DI——病情指数；

　　S_i——发病级别；

　　n——相应发病级别的样方个数；

　　i——病情分级的各个级别；

　　N——调查总样方数。

种质材料群体对钱斑病的抗性根据田间病情指数分为 5 级，即：

1　高抗（HR）　　0＜DI≤10

2　抗病（R）　　10＜DI≤20

3　中抗（MR）　　20＜DI≤30

4　感病（S）　　30＜DI≤40

5　高感（HS）　　40＜DI

8.2　褐斑病（*Rhizoctonia solani* Kuehn.）

采用田间调查法。在褐斑病发生较严重的季节调查匍匐翦股颖草地病斑面积。同时记载，寄主的生育期及气候条件（温度和湿度）。采用随机取样法，每个观察材料选取 20 个点，每点取样面积为 0.25m²（0.5m×0.5m），进行病害等级的评价，病级分级标准如下：

病级　　病情

0　　　样方内没有病斑

1　　　病斑面积占样方面积的 10% 以下

2　　　病斑面积占样方面积的 10%～20%

3　　　　　病斑面积占样方面积的 21%～30%

4　　　　　病斑面积占样方面积的 30% 以上

病情指数计算公式为：

$$DI = \frac{\sum (n_i \times S_i)}{4 \times N} \times 100$$

式中，DI——病情指数；

　　　S_i——发病级别；

　　　n——相应发病级别的样方个数；

　　　i——病情分级的各个级别；

　　　N——调查总样方数。

种质材料群体对褐斑病的抗性根据田间病情指数分为 5 级，即：

1　高抗（HR）　　0＜DI≤10

2　抗病（R）　　10＜DI≤20

3　中抗（MR）　　20＜DI≤30

4　感病（S）　　30＜DI≤40

5　高感（HS）　　40＜DI

8.3　腐霉枯萎病（*Pythium ultimum* (Edson) Fitg.）

采用田间调查法。在腐霉枯萎病发生较严重的季节调查匍匐翦股颖草地病斑面积。同时记载，寄主的生育期及气候条件（温度和湿度）。采用随机取样法，每个观察材料选取 20 个点，每点取样面积为 0.25m²（0.5m×0.5m），进行病害等级的评价，病级分级标准如下：

病级　　　　病情

0　　　　　样方内没有病斑

1　　　　　病斑面积占样方面积的 10% 以下

2　　　病斑面积占样方面积的 10%～20%

3　　　病斑面积占样方面积的 21%～30%

4　　　病斑面积占样方面积的 30% 以上

病情指数计算公式为：

$$DI=\frac{\sum(n_i\times S_i)}{4\times N}\times 100$$

式中，DI——病情指数；

　　　　S_i——发病级别；

　　　　n——相应发病级别的样方个数；

　　　　i——病情分级的各个级别；

　　　　N——调查总样方数。

种质材料群体对腐霉枯萎病的抗性根据田间病情指数分为 5 级，即：

1　高抗（HR）　　0＜DI≤10

2　抗病（R）　　10＜DI≤20

3　中抗（MR）　　20＜DI≤30

4　感病（S）　　30＜DI≤40

5　高感（HS）　　40＜DI

8.4　全蚀病（*Ophiobolus graminis* Sacc.）

全蚀病采用苗期人工接种鉴定法。

（1）接种体的培养和保存

病菌在 PDA 培养基上培养8～10d，然后挑取菌种接种在灭过菌的玉米粉沙培养基中，25℃培养20d 左右，晾干备用。

（2）播种育苗与接种

采用改良的 Penrose 人工接种法。在播种盘内先装入混合沙土，将玉米粉沙培养基培养扩繁后的菌种平铺于沙土层，然后将用消毒后的种子（用 0.1％升汞溶液消毒）播入播种盘中，用带菌土覆盖，每个处理 3 个重复，每盘 30 株，置于 16～18℃下培养。

（3）病害评价

接种后 1 个月调查病害的发生情况，记录病株数及病级。病级的分级标准如下：

病级	病情
0	无病
1	变黑根面积占根总面积的 10％以下
2	变黑根面积占根总面积的 10％～20％
3	变黑根面积占根总面积的 21％～30％以下
4	变黑根面积占根总面积的 30％以上

计算计算病情指数，公式为：

$$DI = \frac{\sum (n_i \times S_i)}{4 \times N} \times 100$$

式中，DI——病情指数；

S_i——发病级别；

n——相应发病级别的株数；

i——病情分级的各个级别；

N——调查总株数。

匍匐翦股颖种质材料群体对禾草全蚀病的抗性依苗期病情指数分 5 级。

1	高抗（HR）	$0 < DI \leqslant 10$
2	抗病（R）	$10 < DI \leqslant 20$
3	中抗（MR）	$20 < DI \leqslant 35$
4	感病（S）	$35 < DI \leqslant 50$

5　高感（HS）　　　50<DI

8.5　黑粉病 (*Ustigo strii formis* (westend.) Niessl)

采用田间目测法。在黑粉病发生较严重的季节调查匍匐翦股颖植株黑粉病的发生情况。同时记载，寄主的生育期及气候条件（温度和湿度）。每个观察材料设 3 次重复（3 个小区），各小区采用 5 点取样法，每点随机调查 40～50 分蘖枝，进行病害等级的评价，病级分级标准如下：

病级　　　病情

0　　　植株上无黑粉菌冬孢子

1　　　黑粉菌冬孢子堆占分蘖枝的 10% 以下

2　　　黑粉菌冬孢子堆占分蘖枝的 10%～30%

3　　　黑粉菌冬孢子堆占分蘖枝的 31%～50%

4　　　黑粉菌冬孢子堆占分蘖枝的 50% 以上

病情指数计算公式为：

$$DI=\frac{\sum (n_i \times S_i)}{4 \times N} \times 100$$

式中，DI——病情指数；

S_i——发病级别；

n——相应发病级别的株数；

i——病情分级的各个级别；

N——调查总株数。

种质材料群体对黑粉病的抗性根据田间病情指数分为 5 级，即：

1　高抗（HR）　　　0<DI≤10

2　抗病（R）　　　10<DI≤20

3　中抗（MR）　　　20<DI≤30

| 4 | 感病（S） | $30 < DI \leqslant 40$ |
| 5 | 高感（HS） | $40 < DI$ |

9 其他特征特性

9.1 种质用途

匍匐翦股颖种质有多种用途，主要用途可分为如下2类：

1 饲用（家畜或野生动物的饲草料）

2 坪用（庭院、运动场等绿化）

9.2 染色体倍数

匍匐翦股颖细胞染色体镜检是鉴别匍匐翦股颖种质资源染色体倍性的主要方法，在染色体镜检中，多采用挤压法，所用染色剂多为醋酸系列染色剂；样品选取，一般选择细胞分裂旺盛、组织幼嫩的部位，例如，根尖和胚根、幼叶等。

根尖和幼叶的染色体镜检步骤如下：

待匍匐翦股颖种子萌发后幼根长至 1cm 左右时，从其尖端取一段作为样品。用醋酸乙醇固定剂中固定半小时以上，移入软化剂（醋酸、盐酸、硫酸软化剂）中软化 3～5min（见样品由白色变为半透明为止），将样品自软化剂中取出，放到载玻片上，加上盖玻片，并在盖玻片上加压，将样品压薄，再用针尖将盖玻片挑开一个缝隙，用滴管沿缝隙加一滴染色剂（1%醋酸地衣红或1%醋酸酚蓝），染色 3min 后将针取去，挤去多余的染色剂，进行镜检，挑选处于四分体阶段的小孢子母细胞进行染色体记数，即可确定该样品染色体倍性。

9.3 核型

采用细胞学方法对染色体的数目、大小、形态和结构进行鉴定。以核型公式表示,如,2n＝4x＝28＝26m（6SAT）＋2sm。

9.4 指纹图谱与分子标记

对进行过指纹图谱分析或重要性状分子标记的牧草种质,记录指纹图谱或分子标记的方法,并注明所用引物、特征带的分子大小或序列以及标记的性状和连锁距离。

9.5 备注

匍匐翦股颖种质特殊描述符或特殊代码的具体说明。

六、匍匐翦股颖种质资源数据采集表

---

1 基本信息

全国统一编号（1）		种质库编号（2）	
种质圃编号（3）		引种号（4）	
采集号（5）		种质名称（6）	
种质外文名（7）		科名（8）	
属名（9）		学名（10）	
原产国（11）		原产省（12）	
原产地（13）		来源地（15）	
海拔高度（16）	m	经度（17）	
纬度（18）		气候带（19）	
气候区（20）		地形（21）	
生态系统类型（22）		生境（23）	
保存单位（24）		保存单位编号（25）	
系谱（26）		选育单位（27）	
育成年份（28）		选育方法（29）	
种质类型（30）	1：野生资源 2：地方品种 3：选育品种 4：品系 5：特殊遗传材料 6：其他	种质保存类型（31）	1：种子 2：植株 3：花 粉 4：DNA
图象（32）		种植方式（33）	1：穴播 2：条播 3：撒播

(续)

2 形态特征和生物学特性

根系入土深度（34）	cm	匍匐茎秆直径（35）	mm
匍匐茎节间长度（36）	mm	茎秆节间长度（37）	cm
茎秆直径（38）	mm	茎节直径（39）	mm
叶宽（40）	mm	叶长（41）	cm
叶鞘宽（42）	mm	叶鞘长（43）	cm
叶舌形态（44）	0：有齿　1：破裂	叶舌长（45）	mm
叶舌宽（46）	mm	叶片形态（47）	1：扁平 2：卷曲
花序颜色（48）	1：紫色　2：黄色	花序长度（49）	cm
花序宽度（50）	cm	小穗宽（51）	mm
小穗长（52）	mm	颖长（53）	cm
内稃长度（54）		外稃长度（55）	
基盘被毛（56）	1：有　2：无	播种期（57）	
出苗期（58）		返青期（59）	
分蘖期（60）		拔节期（61）	
抽穗期（62）	·	开花期（63）	
乳熟期（64）		蜡熟期（65）	
完熟期（66）		分蘖数（67）	个
生育天数（68）	天	枯黄期（69）	
生长天数（70）	天	再生性（71）	1：良好 2：中等　3：较差
落粒性（72）	1：不落粒　2：稍落粒　3：落粒	千粒重（73）	g
发芽势（74）	％	发芽率（75）	％
种子生活力（76）	％	种子寿命（77）	1：短命 2：中命　3：长命

（续）

2 形态特征和生物学特性			
春化作用类型（78）	1：冬性 2：弱冬性 3：春性	株高（79）	cm
鲜草重量（80）	kg/hm²	干草重量（81）	kg/hm²
种子产量（82）	kg/hm²	茎叶比（83）	％

3 品质特性			
粗蛋白质含量（84）	％	粗脂肪含量（85）	％
粗纤维含量（86）	％	无氮浸出物含量（87）	％
粗灰分含量（88）	％	磷含量（89）	％
钙含量（90）	％	氨基酸含量（91）	％
水分含量（92）	％	适口性（93）	1：嗜食 2：喜食 3：乐食 4：采食 5：少食
草坪密度（94）	1：致密 2：较密 3：一般 4：稀疏 5：很稀疏	草坪质地（95）	1：优 2：良好 3：一般 4：较差 5：极差
草坪颜色（96）	1：墨绿 2：深绿 3：绿 4：浅绿 5：黄绿	草坪均一性（97）	1：很均匀 2：较均匀 3：均匀 4：不均匀 5：极不均匀
绿色期（98）	天	草坪盖度（99）	％
耐践踏性（100）	1：优 2：良好 3：一般 4：较差 5：极差	草坪弹性（101）	1：优 2：良好 3：一般 4：较差 5：极差
成坪速度（102）	天		

（续）

4 抗逆性			
抗旱性（103）	1：极强 2：强 3：中等 4：弱 5：极弱	抗寒性（104）	1：强 2：较强 3：中等 4：弱 5：最弱
耐热性（105）	1：强 2：较强 3：中等 4：弱 5：最弱	耐盐性（106）	1：强 2：较强 3：中等 4：弱 5：最弱

5 抗病性	
钱斑病抗性（107）	1：高抗 2：抗病 3：中抗 4：感病 5：高感
褐斑病抗性（108）	1：高抗 2：抗病 3：中抗 4：感病 5：高感
腐霉枯萎病抗性（109）	1：高抗 2：抗病 3：中抗 4：感病 5：高感
禾草全蚀病（110）	1：高抗 2：抗病 3：中抗 4：感病 5：高感
黑粉病抗性（111）	1：高抗 2：抗病 3：中抗 4：感病 5：高感

6 其他特征特性		
利用方式（112）	1：饲用 2：坪用	
染色体倍数（113）	1：二倍体 2：四倍体 3：五倍体 4：六倍体	
核型（114）		指纹图谱与分子标记（115）
备注（116）		

填表人：　　　　　　　　审核：　　　　　　　　日期：

七、匍匐翦股颖种质资源利用情况报告格式

1 种质利用概况

当年提供利用的种质类型、份数、份次、提供单位数等。

2 种质利用效果及效益

包括当年和往年提供利用后育成的品种、品系、创新材料、生物技术利用、环境生态，开发创收等社会经济和生态效益。

3 种质利用存在的问题和经验

重视程度，组织管理、资源研究等。

八、匍匐翦股颖种质资源
利用情况登记表

种质名称						
提供单位			提供日期		提供数量	克 粒
提供种质 类　型	地方品种□　育成品种□　高代品系□　国外引进品种□ 野生种□　近缘植物□　遗传材料□　突变体□　其他□					
提供种质 形　态	植株（苗）□　果实□　籽粒□　根□　茎（插条）□　叶□ 芽□　花（粉）□　组织□　细胞□　DNA□　其他□					
已编入国家资源目录□　　国家统一编号：				未编入国家资源目录□		
已入国家种质资源库圃□　　库圃位编号：				未入国家种质资源库圃□		
已入各作物或省(市、区)中期库□ 中期库位编号：				未入中期库□		
提供种质的优异性状及利用价值： 						
利用单位			利用时间			
利用目的						
利用途径： 						
取得实际利用效果： 						

　种质利用单位盖章　　　　　　　　　　　　　种质利用者签名：
　　　　　　　　　　　　　　　　　　　　　　　年　　月　　日

参 考 文 献

[1] 中国植物志编辑委员会 . 中国植物志 [M] . 北京：科学出版社，
    1987 .

[2] 阎贵兴 . 中国草地饲用植物染色体研究 [M] . 呼和浩特：内蒙古人
    民出版社，2001 .

[3] 王栋 . 牧草学各论（新一版）[M] . 任继周，等 . 修订 . 南京：江
    苏科学技术出版社，1989 .

[4] 韩建国，马春晖 . 优质牧草的栽培与加工贮藏 [M] . 北京：中国农
    业出版社，1998 .

[5] 苏加楷，等 . 优质牧草栽培技术 [M] . 北京：农业出版社，1983 .

[6] 中国农业科学院植物保护研究所 . 中国农作物病虫害（下册）[M] .
    北京：中国农业出版社，1979 .

[7] 苏加楷，耿华珠，马鹤林，杨青川，等 . 野生牧草的引种驯化
    [M] . 北京：化学工业出版社，2004 .

[8] 黄可辉，郭琼霞 . 匍匐翦股颖的形态与细胞结构解剖 [J] . 武夷科
    学，2001，12（17）.

[9] 粤选 1 号匍匐翦股颖新品系选育 [J] . 草业学报，2005，14（4）：
    42-46 .

[10] 粤选 1 号匍匐翦股颖品种审定报告书 [R] . 2004 .

[11] 周永红，杨俊良，颜济，郑有良 . 小麦族下 *Hystrix longearistata*
     和 *Hystrix duthiei* 的生物系统学研究 [J] . 植物分类学报，1999，
     37（4）：386-393 .

[12] 席庆国 . 生态覆盖与绿化配景用羊草单株无性系的形态特征与栽培
     性状 [J] . 草地学报，2004，12（4）：174-178 .

[13] The burke museum. US washington state. http://biology. burke. washington. edu. Cited 7 Jan. 2007.

[14] Natrural resources conservation service. united states department of agriculture. http: //plants. nrcs. usda. gov. Cited 7 Jan. 2007.